华晟经世ICT专业群系列教材

物联网智能网关

设计与开发

熊春如 马 彪 郭炳宇 姜善永 主编

人民邮电出版社

北京

图书在版编目（CIP）数据

物联网智能网关设计与开发 / 熊春如等主编. -- 北京 : 人民邮电出版社, 2019.1
华晟经世ICT专业群系列教材
ISBN 978-7-115-49913-4

Ⅰ. ①物… Ⅱ. ①熊… Ⅲ. ①互联网络－应用－教材 ②智能技术－应用－教材 Ⅳ. ①TP393.4②TP18

中国版本图书馆CIP数据核字(2018)第250528号

内 容 提 要

本教材主要介绍了智能硬件设计开发概述、智能网关硬件设计、智能网关程序设计开发以及智能家居应用设计与开发等内容。

本教材适用于设备厂商技术开发人员、设备维护人员及相关院校学生阅读参考。

◆ 主　　编　熊春如　马　彪　郭炳宇　姜善永
　　责任编辑　王建军
　　责任印制　彭志环
◆ 人民邮电出版社出版发行　　北京市丰台区成寿寺路 11 号
　　邮编　100164　　电子邮件　315@ptpress.com.cn
　　网址　http://www.ptpress.com.cn
　　北京建宏印刷有限公司印刷
◆ 开本：787×1092　1/16
　　印张：14　　　　　　　　　2019 年 1 月第 1 版
　　字数：340 千字　　　　　　2024 年 12 月北京第 12 次印刷

定价：49.00 元

读者服务热线：(010)53913866　印装质量热线：(010)81055316
反盗版热线：(010)81055315
广告经营许可证：京东市监广登字 20170147 号

■■■ 前 言 |

　　现今是数据信息时代，以云计算、大数据、物联网为代表的新一代信息技术受到人们空前的关注。教育发展要服务国家发展，相关的职业教育急需升级以顺应和助推产业发展。从学校到企业，从企业到学校，华晟经世已经为中国职业教育产教融合事业奋斗了 15 年。从最初的通信技术课程培训到如今以移动互联、物联网、云计算、大数据、人工智能等新兴专业为代表的 ICT 专业人才培养的全流程服务，我们深知专业培训课程是培养人才的依托，而教材则是呈现课程理念的基础。如何将行业最新的技术通过合理的逻辑设计和内容表达，呈现给学习者并达到理想的学习效果，是我们进行教材开发时一直追求的终极目标。

　　在这本教材的编写过程中，我们在内容上贯穿以"学习者"为中心的设计理念——教学目标以任务驱动，教材内容以"学"和"导学"交织呈现，项目引入以情景化的职业元素构成，学习足迹借助图谱得以可视化，学习效果通过最终的创新项目得以校验，具体表现如下。

　　1. 教材内容的组织强调以学习行为为主线，构建了"学"与"导学"的内容逻辑。"学"是主体内容，包括项目描述、任务解决及项目总结；"导学"是引导学生自主学习、独立实践的部分，包括项目引入、交互窗口、思考练习、拓展训练及双创项目。

　　2. 情景化、情景剧式的项目引入方式。模拟一个完整的项目团队，采用情景剧作为项目开篇，并融入职业元素，让内容更加接近于行业、企业和实际生产。项目引入更多的是还原工作场景，展示项目进程，嵌入岗位、行业认知，融入工作的方法和技巧，更多地向读者传递一种解决问题的思路和理念。

　　3. 项目篇章以项目为核心载体，强调知识输入，经过任务的解决与训练，再到技能输出；采用"两点（知识点、技能点）""两图（知识图谱、技能图谱）"的方式梳理知识和技能，项目开篇清晰地描绘出该项目所覆盖的和需要的知识点，项目最后总结出经过任务训练所能获得的技能图谱。

　　4. 教材强调学生的动手和实操，以解决任务为驱动，遵循"做中学，学中做"的理念。任务驱动式的学习，可以让学生遵循一般的学习规律，由简到难，循环往复，融会贯通；加强实践、动手训练，在实操中学习更加直观和深刻；融入最新的技术应用，结合真实应用场景，解决客户的现实需求。

5. 具有创新特色的双创项目设计。项目最终设计的双创内容与其他教材形成呼应，体现了项目的完整性、创新性和挑战性，既能培养学生面对困难勇于挑战的创业意识，又能培养学生使用新技术解决问题的创新精神。

本教材共 4 个项目，项目 1 为智能硬件设计开发概述，主要介绍了智能硬件发展现状、智能硬件应用场景和智能硬件主流技术；项目 2 为智能网关硬件设计，主要包括智能网关原理图库和封装库设计、原理图绘制、PCB 板绘制；项目 3 为智能网关程序设计开发，主要包括 ESP8266 网关开发环境搭建、基于 SmartConfig 实现一键配网、手机远程控制 LED；项目 4 为智能家居应用设计与开发，着重介绍智能家居应用场景、智能吸顶灯开发、人体感应开关开发、智能门禁开发、智能家居场景开发。

本教材由熊春如、马彪、郭炳宇、姜善永老师主编，他们除了参与编写，还负责拟定大纲和总纂。本教材执笔人依次是：项目 1 由熊春如和马彪合作编写，项目 2 由曹利洁编写，项目 3 由朱胜编写，项目 4 由张静编写。本教材初稿完结后，由郭炳宇、姜善永、王田甜、苏尚停、刘静、张瑞元、朱胜、李慧蕾、杨慧东、唐斌、何勇、李文强、范雪梅、冉芬、曹利洁、张静、蒋平新、赵艳慧、杨晓蕊、刘红申、黎正林、李想组成的编审委员会相关成员进行审核和修订。

本教材从开发总体设计到每个细节，团队精诚协作，细心打磨，以专业的精神尽量克服知识和经验的不足，终以此书飨慰读者。

本教材配套代码链接：http://114.115.179.78/teaching-resources/ 教材配套代码 - 物联网智能网关设计与开发 .zip

本教材配套 PPT 链接：http://114.115.179.78/teaching-resources/PPT - 物联网智能网关设计与开发 .zip

编　者
2018 年 7 月

目 录

项目 1

智能硬件设计开发概述

 项目引入

大家好，我是 Henry，在一家物联网公司担任嵌入式开发工程师，是一名职场新人。我的主要工作是设计开发智能硬件。公司中负责智能硬件开发的还有一位大神级人物——Serge，他精通多种物联网操作系统和各种型号的 WiFi 芯片、ZigBee 技术、蓝牙技术开发等，他是我工作上的榜样。

公司研发部门的人员架构如图 1-1 所示。

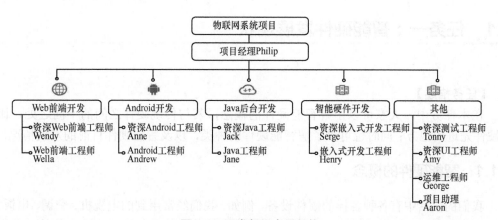

图1-1 研发部门人员架构

Serge：Henry，今后你和我一起负责公司智能硬件的设计开发，你以前接触过智能硬件吗？

Henry：我以前主要是做 stm32 方面的开发，也了解一些智能硬件，但是还没有做过这方面的设计开发工作。

Serge：嗯，公司现在要上线一套物联网系统，包括云服务器、移动 App 和智能硬件三大方面，我们负责智能硬件的所有工作。

知识图谱

项目 1 知识图谱如图 1-2 所示。

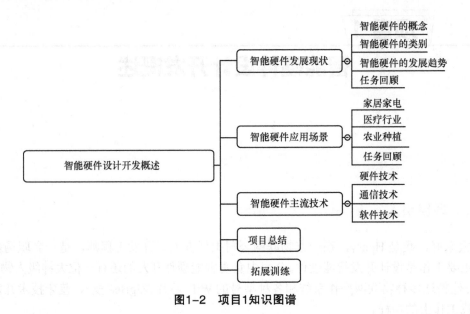

图 1-2　项目 1 知识图谱

1.1　任务一：智能硬件发展现状

【任务描述】

在本任务中，大家可以了解智能硬件的概念，其与传统硬件之间的不同之处，比传统硬件先进的地方；同时也可以了解智能硬件的种类，以及智能硬件目前的发展情况。

1.1.1　智能硬件的概念

我们的生活中有各种各样的硬件设备，例如，我们经常用到的电视机、空调、电饭煲、微波炉等。我们操控这些设备，需要近距离地使用遥控器或者手动按键，此外，我们只能在设备面板上观察到这些设备的运行状态以及运行结果，它们并不能主动地向我们提示自己的工作状态（很多时候是设备停止工作，我们才知道具体状况）。

假设，每天早上起床时，窗帘和窗户会自动开启，为你的房间带来新鲜的空气和明媚阳光；在你洗漱时，梳装镜子能实时显示今天的天气状况以及路况，提示你今天该穿什么厚度的衣服，是否需要佩戴口罩，是否需要携带雨伞等；洗漱完毕后，微波炉里的面包、鸡蛋和鲜牛奶已经准备完毕，你可以直接用餐；在你出门上班后，家中的安防系统便会自动开启，若有人擅自闯入或者来你家拜访，你的手机便会马上收到视频、照片等提醒消息；当你晚上回到家时，无论是炎热的夏天或者寒冷的冬天，家中的空调便会根据你的下班时间自动提前开启，让你在回到家的时候能感受到最舒适的温度。

随着技术的快速发展，物联网技术可以让我们体验更加便捷的生活，我们能够高效地工作，智能硬件就是支撑万物互联便捷生活的桥梁。

智能硬件是继智能手机之后的一个全新的科技概念，它通过软硬件结合的方式，改造传统设备，使之拥有更多的智能化功能。

智能硬件带来很多方面的革新，比如，可穿戴设备改变了人们的运动、沟通方式；虚拟现实将会彻底改变人们对显示的功能需求等。

智能硬件设备相比传统的硬件设备，增加了一个新的属性——智能。智能硬件具有自主联网的功能，能够通过网络与人进行一定程度的交互。智能硬件采用的网络通信方式大多为 WiFi、ZigBee 和蓝牙。此外，智能硬件设备能够自主感知外界信息，通过感知到的信息再处理判断，为我们免去日常生活中一些机械化的动作，让我们能够更加专注于其他有意义的事情。以智能家居场景为例，从前，我们家庭中的日光灯是人为手动开启的，我们从小被教育养成随手关灯的好习惯。以前的日光灯变成了现在的智能吸顶灯，智能吸顶灯能在我们回到家时自动开启；在我们离开时自动关闭；在我们睡觉时自动产生渐变，光线逐渐柔和直至熄灭。照明灯从传统设备到智能设备的转变，使得我们不必再担心因为没有随手关灯而造成不必要的能源浪费。从前，我们早餐想要喝粥，但熬粥的时间却需要长达 1 个小时左右。而智能电饭煲可以支持预约功能，免去了我们等待的过程，早上当我们洗漱完毕后，粥已经熬制完成，我们可以直接享用。

以上就是智能硬件的一些例子，可见，智能硬件为我们生活带来了前所未有的改变。

1.1.2　智能硬件的类别

近些年，随着物联网的发展普及，各式各样的智能硬件也是层出不穷。目前，市场上智能硬件的类别有很多种，以行业区分可以分为智能家居、智慧农业、智能交通、智慧医疗、智能工厂等。在不同的行业里，智能设备的引进都为本行业带来了不同程度的改变。

传统的家用窗帘，有的是手动拉开，有的是电机拉开，但一套房子里的窗帘不止一处，每天早上都需要打开所有窗帘，晚上再关上所有窗帘。智能窗帘在一定程度上解决了这个问题。智能窗帘与传统窗帘相比，外观上差异不大，如图 1-3 所示。

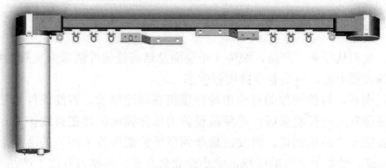

图1-3　智能窗帘

在智能窗帘机的内部有一个智能模块，控制着窗帘机的运行。家庭中的每个智能窗帘机都能接入网络，我们可以使用手机 App 对其进行控制，我们能够根据自己的特定需求创建各种控制模式。例如，设置一个定时全开模式，在每天清晨起床时，家中的所有窗帘都能按时打开；我们也能设置特定时刻，使哪些窗帘打开，哪些窗帘保持关闭。这样一来，人们就免去了很多不必要的麻烦。

除了家居行业，农业在引入智能硬件后也发生了很大改变。

在物联网时代下，农业中的耕种逐渐由体力转向了脑力。现在的农业种植地，有了主控机房、环境数据的实时监测系统，以及智能加湿器、智能加热器、智能鼓风机、智能电磁阀等智能设备，如图 1-4 所示。

现在的农民可以利用整套的智慧农业管理体系，实时监测大棚中的空气温度、空气湿度、光照时长、光照强度、风速、风向、二氧化碳浓度、土壤湿度、土壤 pH 值、水肥流量、水泵压力等参考数值，通过远程操控加湿器、加热器、鼓风机、遮阳网、电磁阀等各种农业仪器实现农业大棚的整体管理。

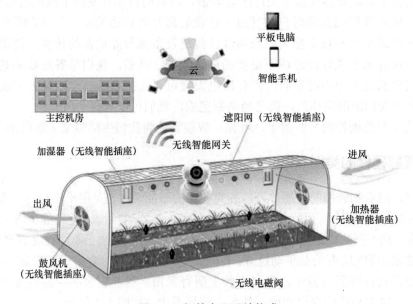

图1-4　智慧农业系统构成

1.1.3　智能硬件的发展趋势

接下来，我们从行业、产品、服务 3 个层面总结智能硬件的未来发展趋势。

（1）市场规模上涨，巨头企业持续做生态

从行业层面看，智能硬件的整个市场规模仍在高速增长。智能硬件热门品类的销量已经呈指数级爆发，而智能家居、可穿戴设备的细分领域仍然在持续扩大。巨头企业帮助硬件创业者完成产品从创意、研发、量产到市场营销等各个环节的落地，以构建出完整的智能生态链。受益于平台的成熟，中小企业会有更多的精力专注于产品本身。

（2）互联互通、交互方式优化是发展重点

从产品层面来看，智能硬件产品发展的重点将是互联互通与交互方式的优化，智能类产品的用户黏性与其实用性息息相关，简单、多样化的交互方式更能满足消费者需求。场景化模式是用户通过一次简单的触控或是语音操作便可以触发智能家居设备一系列的预置动作，迅速便捷地享受完整的智能生活，这种设备间的互联互通以及交互方式的优化，不再是单一的智能产品所能够完成的，它带给用户的体验也是完全不同的。

（3）优势互补，平台接入更多第三方服务

从服务层面来看，智能产品的终极价值是为消费者服务。智能产品服务拓展的重点是整合其他产业优势，接入智能产品体验等更多的第三方服务。在与传统产业合作方面，很多智能平台已经做出了诸多尝试。例如，智能平台与地产业、农业的跨界合作带来的是基础设施层面上的智能化。通过与传统企业的携手，智能硬件将从概念化迅速向C端落地，让智能真正走进人们的生活。

随着物联网平台、产业生态圈的逐步成型，以及VR等技术不断普及与应用，智能硬件的未来更值得大家期待。未来，越来越多的消费者的生活习惯会被改变，智能生活时代也随之到来。

1.1.4 任务回顾

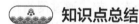 **知识点总结**

1. 智能硬件的概念。
2. 智能硬件与传统硬件的不同。
3. 智能硬件的优势。
4. 智能硬件的种类。
5. 智能硬件的发展状况。

学习足迹

任务一学习足迹如图 1-5 所示。

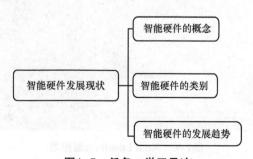

图1-5 任务一学习足迹

思考与练习

1. 一句话描述什么是智能硬件。
2. 智能硬件的网络通信方式有 _____、_____、_____。
3. 简述在你心中，未来的智能硬件是怎样的？

1.2 任务二：智能硬件应用场景

【任务描述】

在本任务中，大家需要具体了解智能硬件都有哪些应用场景，及其在各个应用场景中充当什么样的角色，分别有着什么样的功能。

1.2.1 家居家电

近些年，家居家电行业受智能硬件的影响较大，很多家庭都在尝试使用智能家居系统。智能家居系统利用先进的计算机技术、网络通信技术、医疗电子技术依照人体工程学原理，融合个性化需求，将与家居生活有关的安防、灯光控制、窗帘控制、煤气阀控制、信息家电、场景联动、地板采暖、健康保健、卫生防疫、安防保安等有机结合在一起，通过网络化综合智能控制和管理，实现"以人为本"的全新家居生活体验。下面我们一起来看看这些常见的智能家居产品吧！

（1）加热系统

Nest Learning 温控器是智能家居系统的典型代表，可极大地满足用户的需求。该温控器可设置用户习惯的环境温度，使其与户外温度相匹配。此外，用户还可以在温控器实现自动控制之前不断做出调整。产品如图 1-6 所示。

图1-6 Nest Learning温控器

British Gas Hive 加热系统是智能加热系统的新秀,简洁性是其最大的优势。由英国公司 British Gas 生产的 Hive 系统坚固耐用,用户可自主创建时间安排表,并远程控制加热系统的开与关。如果它通过用户的智能手机检测到用户正在度假,该系统会巧妙地自动关掉系统。产品如图 1-7 所示。

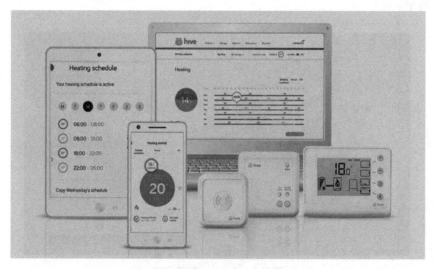

图1-7 British Gas Hive加热系统

(2)照明系统

Philips Hue 是行业内出现较早的一款智能照明系统。飞利浦的 Hue 通过一个智能网关与 App 进行通信交互。通过 App,用户能够根据自己的需求设定各种情景模式,包括回家模式、离家监控模式等。Hue 还能够根据用户的心情来设定不同的颜色以及亮暗程度。它们也可以通过 iPhone 或者安卓用户的 App 连接到一系列 IFTTT(IF This Then That,一种创新性互联网服务)上。产品如图 1-8 所示。

图1-8 Philips Hue

（3）门锁系统

August 智能门锁，用户安装这款与智能手机、智能手表兼容的门锁后，就可以不再使用房间钥匙（理论上如此）。该装置与大多数北美风格圆柱锁兼容，通过蓝牙连接到用户设备进行开启。如果用户手机没电，蓝牙无连接，用户也可使用钥匙来开关门。产品如图 1-9 所示。

图1-9 August 智能门锁

（4）床系统

Luna 是一款智能床罩，也可充当最终的睡眠跟踪器。它收集了许多与睡眠有关的指标，这些指标能帮助人们更好地了解和改善自己的睡眠质量。对于睡眠质量差的人，该床垫罩能够对症下药。该智能床罩能调整床上温度，以帮助使用者更加舒适地进入睡眠状态，尤其在冬天，当人们进入被窝后能感受到合适的温度，极大地提升了产品的体验效果。此外，它还可以充当一款智能闹钟，在设定好的时间提醒使用者起床。产品如图 1-10 所示。

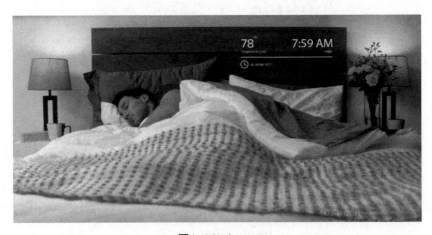

图1-10 Luna

1.2.2　医疗行业

病人挂号、交费、看病、取药往往要排很长时间的队，而医生真正看病的时间只有短短的几分钟。

当智慧医疗走进我们的生活后，对于很多常见病，我们可以不用去医院，家用的检测仪和传感器收集了病人的实时数据，并传送到网络，系统会为病人实时选择一名合适的医生，病人和医生也许远隔千里，医生会根据收集上来的实时数据对病人确诊。这是我们对智慧医疗最直观的感性认识，从更专业的角度来看，智慧医疗是指利用先进的互联网和物联网技术并通过智能化的方式，将与医疗卫生服务相关的人员、信息、设备、资源连接起来并实现良性互动，以保证人们及时获得预防性和治疗性的医疗服务。

从目前进入市场的智慧医疗智能硬件产品来看，智能穿戴设备、智能血压计、智能血糖仪、智能心率监测仪、智能胎心仪、体质远程监控系统等产品居多，以下我们分别具体介绍。

（1）智能血压计

智能血压计主要是利用多种通信手段，将电子血压计的测量数据通过智能化处理后上传到云端，让智能血压计的使用者及医护人员能够在任何时间、任何地点即时跟踪、监测到使用者的测量数据，使用者及医护人员可通过微信、App 等云端查看连续、动态、持续、即时的测量数据。

智能血压计可分为蓝牙血压计、USB 血压计、GPRS 血压计和 WiFi 血压计。

图 1-11 所示为小米公司联合天津九安医疗旗下的独立实体 iHealth 公司生产的一款蓝牙血压计。相比之前的 USB 血压计，iHealth 做了重大升级，只需打开 App，iHealth 血压计即可自动连接手机蓝牙。升级版采用了与大部分数码设备一致的 Micro USB 充电口，即使线材丢失，也可以使用手机、数码设备等充电线为血压计充电，而一次充电可使用 5 个月。除此之外，iHealth 还提供了图表化的测量结果和语音播报功能，让使用者轻松了解自己的血压、心率状况，并根据专业建议改善自己的健康情况。更棒的体验是，在测量结束后，测量结果会自动同步到云端，无论你身在何处，只要打开手机 App，就能实时了解家人的健康状况。另外，该血压计还能设置提醒家人测量血压的时间，并在线叮嘱。

图1-11　iHealth智能血压计（蓝牙版）

（2）智能心率监测仪

医学上最准确的检测心率的方法有两种：一种是在靠近心脏的位置检测；另一种是检测手指尖的动脉血管。市面上手环类产品大多是使用血液的感光度测量心率，对于测量环境要求相对严格，如果日常很难达到这种特殊的环境要求，就会导致测量不准确。智能手机心电图企业 AliveCor 公司生产了一款 Kardia 心率检测器，这是目前市场上临床证明有效的移动心电图仪，是首个面向医疗服务方的心电图面板。该检测器加入了人工智能技术，可为心脏病专家筛选关于患者的有用信息。Kardia 心率检测器如图 1-12 所示。

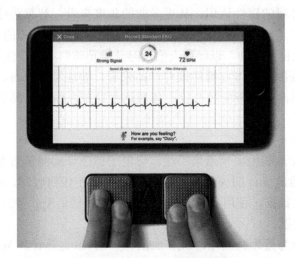

图1-12　Kardia心率检测器

Kardia 心率检测器比信用卡的尺寸还要小，却能让用户随时随地在 30 s 内获得医疗级的心电图信息，用户只需要将设备放在胸口，或者将手指指尖按压在设备表面，就可以在专属的 App 上看到自己的心电图报告。用户可以将这些准确的心脏检测数据分享给医生以获得对应的分析及诊断。Kardia 心电图仪能够提供及时的心电图分析（采用 FDA 认证的机器学习算法）结果，让用户轻松地了解自己的心率正常与否或是否存在房颤的症状。

（3）智能胎心仪

智能胎心仪是一种根据多普勒原理从孕妇腹部获取胎儿心脏运动信息的智能监测仪器。它在家用胎心仪的功能基础上，能够同时拥有记录胎儿心跳率图谱、存储胎心音、胎心率及胎动次数，并合成、社交、分享等医疗和休闲方面的多重功能，图 1-13 为 Comper 智能胎心仪。

Comper 智能胎心仪可以清晰聆听胎心音，实时监测胎心率。它在 12 周即可监测到胎心音。在使用的时候，用户可能完全意识不到操作体验这一概念。单手一键式操作，可以脱离手机快速独立使用，位于按钮上的弧形指示灯，通过蓝色和橙色告诉您胎儿的心率是否处于正常范围。而位于顶端的白色呼吸灯，则会以胎儿心跳的节奏，同步闪烁给用户"听"。当用户戴着耳机独享胎音的时候，旁边的朋友或家人也可以通过指示灯的闪烁节奏来感受胎儿的心率。

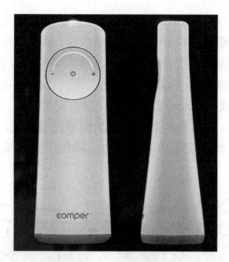

图1-13 Comper智能胎心仪

Comper 女性 App 嵌入了不断进化的人工智能，可以用语音口令直达测量页面，快速获取胎心率数据及相应的医学建议，同时，系统会为用户持续绘制胎心率曲线，在必要时，用户可以将这些重要的生理数据提供给产科医生。除此之外，每一段珍贵的心跳声音都会被自动存储，便于随时回放与分享。

Comper 采用超低功耗蓝牙 4.0 技术，省电无辐射，独有蓝牙降噪功能，可以过滤腹腔杂音。

1.2.3 农业种植

我国是农业大国，农业科技工作者面临一个严峻的挑战——需要发挥"大智慧"，研究出造福于广大农民的智慧农业"新科技"。简而言之，智慧农业是将物联网技术运用到传统农业中去，运用传感器和软件通过移动平台或者电脑平台对农业生产进行控制，使传统农业更具有"智慧"。

（1）农业大棚智能监控系统

随着人们对新鲜蔬菜需求的不断提高以及土地资源的日渐紧缺，生产效率较高的温室农业得到了迅速发展。温室大棚内温湿度等因素对农作物的生长有着直接影响，因此对温室大棚内的温度、湿度及二氧化碳等参数的检测和控制至关重要。传统的温室数据采集工作大多是采用人工抄表或预先布线的有线采集方式。人工方式的缺点是工作量大、费用高、难以保障数据的实时性和有效性，而有线数据采集存在着布线费用高、测量节点位置变化时需要改变线路方向及长度等诸多不利因素。

农业大棚智能监控系统可实时采集农业大棚内空气温度、湿度、光照、土壤温度、土壤水分等参数，农作物生长需要实时智能决策，自动开启或者关闭指定的环境调节设备。该系统可以为农业生态信息自动监测、自动控制设施和智能化管理提供科学依据和有效手段。

图 1-14 为农业大棚智能监控系统，该系统的环境采集节点主要由环境传感器、控制

器和 WiFi 模块 3 个部分组成。其中，常用的环境传感器包括光照度传感器、空气温湿度传感器及土壤温湿度传感器。WiFi 模块、无线摄像头、移动终端等与 WiFi 基站建立连接，并由基站通过光纤将数据传输至监控中心的服务器，实现远程 PC 和移动终端实时监测温室大棚内环境数据。该系统还可实现数据历史查询，查看不同测点在某时间段内所采集的环境数据与统计信息，支持 Excel 表格导出。设备安全报警，系统分别针对不同环境因子设置相应的警戒线数值，一旦检测点的监测数据超过警戒线，将生成报警记录。

农业大棚智能监控系统不仅解放了劳动力，降低了生产成本，而且还可调节农作物产期，提高生产率。

图1-14　农业大棚智能监控系统

（2）智能农业灌溉系统

在中国，农业用水量约占总用水量的 80%，由于农业灌溉效率普遍低下，水的利用率仅为 45%，而水资源利用率高的国家，水的利用率已高达 70%～80%。因此，解决农业灌溉用水的问题，对于缓解水资源的紧缺是非常重要的，于是，智能农业灌溉系统便应运而生。

智能农业灌溉系统简单地说就是农业灌溉不需要人为控制，系统自动感测灌溉时间和时长；智能农业灌溉系统可以自动开启／关闭灌溉；可以实现在土壤太干燥时增大喷灌量，在土壤太湿润时减少喷灌量。图 1-15 为智能农业滴灌系统。

图1-15　智能农业灌溉系统

（3）智能土壤检测仪

自古以来，仓廪实则天下安，耕地安全是粮食安全的基本保障，土壤检测是最重要的。2016年，国务院印发的《土壤污染防治行动计划》中提到的"测土配方施肥"，即为降低化肥、农药使用量，提高利用率的基础支持技术。研发人员通过对农业生态中的各关键因子，如湿度、光度、温度、pH值、肥力等监测、管理数据，研发出了智能土壤检测仪，如图1-16所示。智能土壤检测仪可以实现农业生态的数据化、网络化、智能化，进而对农业生产做到最优的科学干预。

图1-16 C-life土壤检测仪

C-life土壤检测仪在1s便可检测出与农作物相关联的八大重要参数，也是目前市面上第一个利用单根金属棒检测土壤湿度高精度的设备。此外，它可以长时间插在田间和大棚内，搜集土壤及环境的实时数据，且设备本身也具有数据存储功能，可保存7天数据，做到即使设备掉线，数据也不会丢失；它支持蓝牙通信（也支持GPRS/3G/4G/NB-IoT通信），在数据发送到手机端展示的同时，也会同步传输到云平台，借助于平台端的人工智能和大数据分析系统得出土质分析结果。

当土壤检测仪检测到某一地块干旱或EC值偏低时，再结合环境和天气状况，可控制水肥一体化设备灌溉或施肥操作；在育种育苗时，根据土壤和环境参数，形成预警机制；在大棚种植中，可根据温度、湿度、光照、肥力等实时数据控制大棚的通风装置、灌溉装置等。智能土壤监测仪让种植方式更科学、更标准。

1.2.4 任务回顾

 知识点总结

1. 智能硬件的应用场景。
2. 智能硬件对家居、医疗、农业的影响。
3. 不同应用场景中典型的智能产品。
4. 不同场景的智能硬件使用的技术。

学习足迹

任务二学习足迹如图1-17所示。

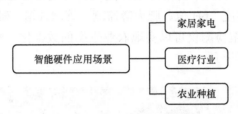

图1-17　任务二学习足迹

思考与练习

1. 智能硬件可以应用在哪些场景中？
2. 分场景列举 3 ～ 5 种智能硬件产品。
3. 浅谈你身边有哪些智能设备。

1.3　任务三：智能硬件主流技术

【任务描述】

物联网体系结构自下向上分为底端负责信息采集的感知层（硬件技术）、中间负责通信的网络层（通信技术）、顶层的应用层（软件技术）三个层次，这三层缺一不可。这三个层次又有哪些主流的技术做支撑呢？赶快跟着 Henry 来一探究竟吧！

1.3.1　硬件技术

硬件技术应用于物联网的感知层。感知层就像物联网的皮肤和五官，用于识别物体和采集信息，是物联网的核心，是采集信息的关键部分。感知层涉及的硬件技术主要有传感器技术和 PCB（Printed Circuit Board，印制电路板或印刷线路板）制造技术。

（1）传感器技术

在现实生活中，神奇的物联网给人们带来了许多的惊喜和便利，而首功当属形形色色的传感器。传感器在我们生活中的应用范围很广，种类也繁多，大到一辆汽车，小到一个智能手环，它们之中所含的传感器，无一不是人类智慧的结晶。

传感器是一种检测装置，能感受到被测量的信息，并能将感受到的信息，按一定规律变换成为电信号或其他所需形式的信息输出，以满足信息的传输、处理、存储、显示、记录和控制等要求。例如，计算机需要传感器将模拟信号转换成数字信号后才能进行下一步处理。

通常，传感器所接收到的信号都有微弱的低频信号，外界的干扰有时幅度能够超过被测量的信号，因此消除串入的噪声是一项关键的传感器技术。常用的传感器分为以下几类。

1）物理传感器

物理传感器是检测物理量的传感器。它是利用某些物理效应，将被测量的物理量转化成为便于处理的能量形式的信号装置。其输出的信号和输入的信号有确定的关系。主要的物理传感器有光电式传感器、压电传感器、压阻式传感器、电磁式传感器、热电式传感器、光导纤维传感器等，如图1-18所示。

图1-18　物理传感器

例如，生物医学中呼吸测量技术，呼吸测量是临床诊断肺功能的重要依据，在外科手术和病人监护中都是必不可少的。比如，人们在使用测量呼吸频率的热敏电阻式传感器时，可以将传感器的电阻安装在一个夹子前端的外侧，把夹子夹在鼻翼上，当呼吸气流从热敏电阻表面流过时，可以通过热敏电阻来测量呼吸的频率以及热气的状态。

2）光纤传感器

光纤传感器是最近几年出现的新技术，可以用来测量多种物理量，比如声场、电场、压力、温度、角速度、加速度等，还可以完成现有测量技术难以完成的测量任务。在狭小的空间里、在强电磁干扰和高电压的环境里，光纤传感器都显示出了独特的能力。目前，光纤传感器已经有70多种，大致上分成光纤自身传感器和利用光纤的传感器，如图1-19所示。

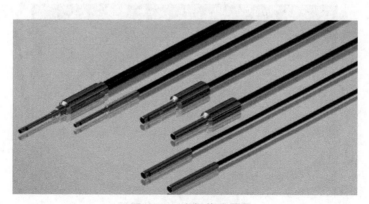

图1-19　光纤传感器

光纤传感器是一种利用光纤的传感器。当光纤受到微小的外力作用时,会产生微弯曲,而其传光能力会发生很大的变化。例如,声音是一种机械波,它对光纤的作用是使光纤受力并产生弯曲,通过弯曲就能够产生声音的强弱。

3）红外传感器

红外传感器是以红外线为介质的测量系统,按照功能分成五类:①辐射计,用于辐射和光谱测量;②搜索和跟踪系统,用于搜索和跟踪红外目标,确定其空间位置并对它的运动进行跟踪;③热成像系统,可产生整个目标红外辐射的分布图像;④红外测距和通信系统;⑤混合系统,是指以上各类系统中的两个或者多个的组合。红外传感器如图1-20所示。

图1-20　人体红外传感器

4）磁光效应传感器

磁光效应传感器是利用激光技术发展而成的高性能传感器,如图1-21所示。目前,人们利用激光技术已经制成了多种类型传感器,解决了许多以前不能解决的技术难题,将它用于煤矿、石油、天然气贮存等危险、易燃的场所。例如,用激光制成的磁光效应传感器能测量原油喷射、石油大罐龟裂的情况参数。在实测地点,不必使用电源供电,这对于安全防爆措施要求很严格的石油化工设备群尤为适用,也可用来在大型钢铁厂的某些环节实现光学方法的遥测。

图1-21　磁光效应传感器

5）压力传感器

压力传感器是目前在工业实践中最为常用的一种传感器，如图1-22所示。我们通常使用的压力传感器主要是利用压电效应制造而成的，也称为压电传感器。压电传感器主要应用在加速度、压力和力等的测量中，是一种常用的加速度计，具有结构简单、体积小、重量轻、使用寿命长等优点。压电传感器在飞机、汽车、船舶、桥梁和建筑的振动和冲击测量中已经得到了广泛的应用。

图1-22　压力传感器

6）仿生传感器

仿生传感器是一种基于新的检测原理的新型传感器，如图1-23所示。它采用固定化的细胞、酶或者其他生物活性物质与换能器相配合组成传感器。这种传感器是近年来生物医学和电子学、工程学相互渗透而发展起来的一种新型的信息技术。这种传感器的特点是机能高、寿命长。在仿生传感器中，比较常用的是生体模拟的传感器。

图1-23　仿生传感器

传感器早已渗透到工业生产、宇宙开发、海洋探测、环境保护、资源调查、医学诊断、生物工程、文物保护等领域。毫不夸张地说，从茫茫的太空，到浩瀚的海洋，以至各种复杂的工程系统，几乎每一个现代化项目，都离不开各种各样的传感器。

由此可见，传感器技术在发展经济、推动社会进步方面的重要作用是十分明显的。世界各国都十分重视这一领域的发展。相信不久的将来，传感器技术将会出现一个飞跃，达到与其重要地位相称的新水平。

（2）PCB制造技术

PCB是重要的电子部件，是电子元器件的支撑体，是电子元器件电气连接的载体。

传统电路板采用印刷蚀刻阻剂的工艺，做出电路的线路及图面，因此也被称为印制电路板或印刷线路板。由于电子产品不断微小化与精细化，因此，大多数的电路板都采用贴附蚀刻阻剂（压膜或涂布），经过曝光显影后，再以蚀刻做出电路板。

PCB 根据电路层数分类分为单面板、双面板和多层板。常见的多层板一般为 4 层板或 6 层板，复杂的多层板可达几十层。

1）单面板

单面板在最基本的 PCB 上，零件集中在其中一面，而导线集中在另一面（有贴片元器件时和导线为同一面，插件器件在另一面）。因为导线只出现在其中一面，所以这种 PCB 称为单面板。因为单面板在设计线路上有许多严格的限制（因为只有一面，布线间不能交叉而必须绕独自的路径），所以只有早期的电路才使用这类的面板，如图 1-24 所示。

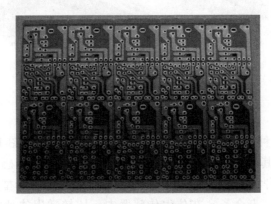

图1-24　单面板

2）双面板

双面板的两面都有布线，不过要用上两面的导线，必须要在两面间有适当的电路连接才行。这种电路间的"桥梁"称为导孔或过孔。导孔是在 PCB 上充满或涂上金属的小洞，它可以与两面的导线相连接。因为双面板的面积比单面板大了一倍，所以双面板解决了单面板中布线交错的难题（可以通过孔导通到另一面），它更适合用在比单面板更复杂的电路上，如图 1-25 所示。

图1-25　双面板

3）多层板

多层板为了增加布线的面积，用上了更多单面或双面的布线板，如图1-26所示。用一块双面作内层，两块单面作外层或两块双面作内层，两块单面作外层的印刷线路板，通过定位系统及绝缘黏结材料交替在一起，导电图形按设计要求互连的印刷线路板称为4层、6层印刷电路板，也称为多层印刷线路板。板子的层数并不代表它有几层独立的布线层，在特殊情况下会加入空层来控制板厚，通常层数都是偶数，并且包含最外侧的两层。

图1-26 多层板

PCB工艺流程如下。

第一步：开料

板材通常是41inch×45inch，再开成生产工作板的大小，一般的大小是40cm×50cm左右。

第二步：钻孔

根据工程资料，在所开符合尺寸要求的板料上相应的位置钻出所求的孔径。

第三步：沉铜

钻孔后的孔内是没有铜的，即为有过孔而不通，沉铜工序是利用化学方法在绝缘孔壁上沉积上一层薄铜，让过孔接通。

第四步：压膜

压膜是在沉铜之后的电路板上压上一层蓝色的干膜，干膜是一个载体，在电路工序中很重要，干膜制程也因它而得名。干膜和湿膜相比，稳定性更高，品质更好，可直接做非金属化过孔。

第五步：曝光

先将线路菲林与压好干膜的电路板对好位，然后放在曝光机上曝光，干膜在曝光机灯管的能量下，把线路菲林没有线路的地方（有线路的地方是黑色的，没有线路的地方是透明的）充分曝光。经过曝光后，线路转移到干膜上，此时的状态为：干膜有线路的地方没有被曝光，而没有线路的地方被曝光。

第六步：显影

用显影机里的显影液把没有被曝光的部分显影掉，显影液对被曝光的部分是不起反应的,所以最终做出来的图片是线路部分出了黄色铜,而没有线路的部分则还是蓝色的(被曝光的干膜)。

第七步:电铜

把面板放进电铜设备中,有铜的部分被电上了铜,被干膜挡住的部分则没有反应。

第八步:电锡

电锡是为了干掉那部分被干膜保护的铜做准备工作。

第九步:退膜

退膜是退掉蓝色的干膜,因为线路部分已经有锡了,只需用一种退膜液,对曝光过的干膜进行反应后,放在退膜机中,很容易退掉干膜。

第十步:蚀刻

蚀刻是用一种药水(对铜起反应,对锡无作用)腐蚀掉电路板中不需要的铜,而留下需要的部分。

第十一步:退锡

退锡是用一种药水(退锡水)退掉线路上的锡,使线路回到本色——铜。

第十二步:光学 AOI 线路扫描

AOI 工作原理是先用高清摄像头快速拍摄,然后用拍摄的图片与原文件对比,能从根本上避免了开、短路以及微开、短路等隐患的发生。

第十三步:印阻焊油

将面板所有的地方都印上阻碍油(包括焊盘)。

第十四步:阻焊曝光、显影

其目的是去掉焊接盘等地方的阻焊油。

第十五步:字符(烤版)

在电路板上印上器件的位置号、板名等字符。

第十六步:表面处理

对焊盘进行喷锡、沉金等表面处理。

第十七步:锣边

使用铣床将大板加工成客户所需要的外形。

第十八步:测试

用针测或是通用机对电路板测试。

第十九步:FQC

这是最后的过程质量控制,是人工对质量、数量等控制。

第二十步:包装、出货

将测试检验合格的产品包装好后出货。

1.3.2 通信技术

随着万物互联时代的到来,物与物之间的连接方式也在不断发展和更新。如果说传感器是物联网的触觉,那么,无线传输就是物联网的神经系统,负责将遍布物联网的传感器连接起来。目前，物联网的无线通信技术有很多，主要分为两类：一类是 ZigBee、WiFi、蓝牙、Z-wave 等短距离无线通信技术；另一类是 LPWAN（Low-Power Wide-Area Network，低功耗广域网），即广域网通信技术。LPWAN 又可分为两类：一类是工作于未授权频谱下的 LoRa、SigFox 等技术；另一类是工作于授权频谱下的 3GPP 支持的 2G/3G/4G 蜂窝通信技术，比如 EC-GSM、LTE Cat-m、NB-IoT 等。

短距离无线通信技术中的 ZigBee、WiFi、蓝牙使用较为广泛，多用于智能家居行业。广域网通信技术中的 LoRa 和 NB-IoT 具有不同的技术和商业特性，在低功耗广域网通信技术中，最有发展前景。接下来，我们简要介绍 ZigBee、WiFi、蓝牙、LoRa 这 4 种主流的通信技术。

（1）ZigBee

ZigBee 是一种近距离（10~75m）、低速率（250kbit/s）、低功耗的无线网络技术，具有低复杂度、低功耗、低速率、低成本、自组网、多点中继、高可靠、超视距的特点，主要适合应用于自动控制和远程控制等领域，可以嵌入各种设备。简而言之，ZigBee 是一种便宜的、低功耗、自组网的近程无线通信技术。

ZigBee 网络拓扑中，有协调器（Coordinator）、路由器（Router）和终端节点（End Device）3 种不同类型的设备，如图 1-27 所示。

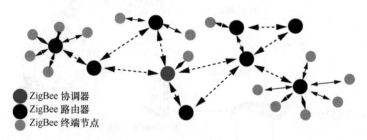

图1-27　ZigBee网络拓扑

协调器在选择频道和 PAN ID（个域网）组建网络后，其功能相当于一个路由器。协调器或者路由器均允许其他设备加入网络，并为其路由数据。终端节点通过协调器或者某个路由器加入网络后，便成为其"子节点"；对应的路由器或者协调器即成为"父节点"。由于终端节点可以进入睡眠模式，其父节点便有义务为其保留其他节点发来的数据，直至其醒来，并将此数据取走。

ZigBee 技术被广泛用于智能家居应用中，具有以下优点。

① 抗干扰力强。ZigBee 收发模块使用的是 2.4GHz 直序扩频、调频技术，比起一般 FSK、ASK 和跳频的数传电台，具有更好的抗干扰能力。

② 保密性好。ZigBee 提供了数据完整性检查和鉴权功能，加密算法采用通用的 AES-128 位，长达 128 位的密码给 ZigBee 信号传输的保密性提供了保障。

③ 传输速度快。ZigBee 传输数据多采用短帧传送，传输速度快，实时性强。

④ 可扩展性强。ZigBee 组网容易，自恢复能力强，便于在智能家居中进行扩展，增加新设备。

除智能家居之外，ZigBee 还广泛应用于物联网产业链中的 M2M 行业，如智能电网、智能交通、金融、移动 POS 终端、供应链自动化、工业自动化、智能建筑、消防、公共安全、环境保护、气象、数字化医疗、遥感勘测、农业、林业、水务、煤矿、石化等领域。

（2）WiFi

WiFi 是一种可以将个人电脑、手持设备（如 PDA、手机）等终端以无线方式互相联接的技术，也称为无线宽带，是一种短程无线传输技术，能够在数百米范围内支持互联网接入的无线电信号。

WiFi 是一个无线网路通信技术的品牌，由 WiFi 联盟所持有，目的是改善基于 IEEE802.11 标准的无线网络产品之间的互通性。随着技术的发展，以及 IEEE802.11a 和 IEEE 802.11g 等标准的出现，现在 IEEE802.11 这个标准已被统称作 WiFi。

WiFi 的工作原理如图 1-28 所示。

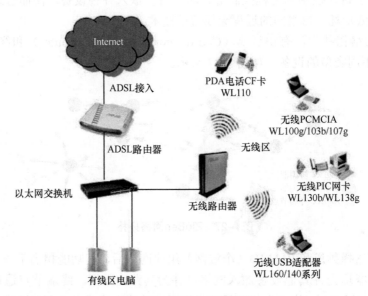

图1-28 WiFi的工作原理

WiFi 通信具有以下两个优点。

① 无线电波的覆盖范围广，半径可达 100m。它可以实现从最简单的一个控制器控制一个灯的开关直到复杂的全家灯光、窗帘、空调、门禁、电器设备的全面智能控制，广泛应用于智能家居及智能建筑行业。

② 传输速度非常快，可以达到 11Mbit/s，符合个人和社会信息化的需求。此外，它还具有低成本、低功耗的特点，符合低碳生活的绿色智能家居概念。WiFi 应用广泛，已经普及到千家万户。

（3）蓝牙

蓝牙（Bluetooth）是一种近距离无线技术的标准，它可实现移动设备、固定设备和楼宇个人域网之间的短距离数据交换。蓝牙提供点对点或点对多点的无线连接，在任意一个有效通信范围内所有设备的地位都是平等的。提出通信要求的设备称为主设备（Master），被动进行通信的设备称为从设备（Slaver）。利用时分多址（TDMA），一个主设备最多可同时与 7 个从设备通信，并和多个从设备（最多可超过 200 个）保持同步但不通信。一个主设备和一个以上的从设备构成的网络称为蓝牙的微微网络。

若两个以上的微微网络之间存在设备间的通信，则构成了蓝牙的分散网络。基于 TDMA 原理和蓝牙设备的平等性，任一蓝牙设备在网络中既可作为主设备，又可作为从设备，还可同时兼作主、从设备。所以它是典型的无中心网络，具有自然灵活的组网特点。蓝牙网络具有 Ad-Hoc 的特性，每个设备可以方便地进入和离开网络，不需要配置额外的网络。如果是为了完成适当的网络功能，一定要有初始配置工作。蓝牙的分散网络让特定的设备在这些微网络中自动演绎主机与从机角色，从而形成一个物联网应用传输系统。

蓝牙在智慧医疗领域和智能家居领域以及许多消费市场中已经变得非常重要，同时它也是可穿戴产品的关键技术，蓝牙智能或蓝牙低能耗是物联网应用中的重要协议。

（4）LoRa

在物联网领域，大多数传感器都是嵌入在芯片中的，网络传输模块的能耗低且功率小，主要以近距离无线连接为主。但在有些业务中，近距离无线传输无法满足这些需求。比如，重工企业对远程设备的使用状态监控十分重要，需要通过远距离无线传输技术实现数据的回传，这时我们需要考虑低功耗广域网。

LoRa 是 LPWAN 通信技术中的一种，是美国 Semtech 公司采用和推广的一种基于扩频技术的超远距离无线传输方案。这一方案改变了以往关于传输距离与功耗的折中考虑方式，为用户提供一种简单的能实现远距离、长电池寿命、大容量的系统，进而扩展传感网络。目前，LoRa 主要在全球免费频段运行，包括 433MHz、868MHz、915MHz 等。LoRa 的最大特点是传输距离远、工作功耗低、组网节点多。

LoRa 是如何实现远距离低功耗传输的呢？其根本原因是 LoRa 提高了接收机的灵敏度，从而拥有超强的链路预算，也就不需要很高的发射功率了。LoRa 接收端灵敏度要归功于直接序列扩频技术。LoRa 采用了高扩频因子，从而获得了较高的信号增益。一般 FSK 的信噪比需要 8dB，而 LoRa 只需要 -20dB。另外，LoRa 还应用了前向纠错编码技术，在传输信息中加入冗余，有效抵抗多径衰落，虽然牺牲了一些传输效率，但有效提高了传输可靠性。

LoRa 网络主要由终端（可内置 LoRa 模块）、网关（或称基站）、网络服务器以及应用服务器组成，应用数据可双向传输，如图 1-29 所示。LoRaWAN 架构是一个典型的星形拓扑结构，在这个网络架构中，LoRa 网关是一个透明传输的中继，连接终端设备和后端中央服务器。终端设备采用单跳与一个或多个网关通信，所有的节点与网关间均是双向通信。LoRa 的终端节点可能是各种设备，比如水气表、烟雾报警器、宠物跟踪器等。这些节点通过 LoRa 无线通信首先与 LoRa 网关连接，再通过 3G 网络或者以太网络，连接到网络服务器，网关与网络服务器之间通过 TCP/IP 通信。

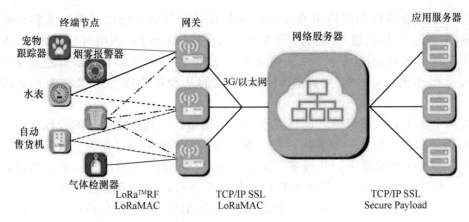

图1-29　LoRa网络架构

综上所述，不同层次物联网应用的无线传输需求不同，主要应用场景如下。

① 高功耗、高速率的短距离传输技术，如 WiFi、蓝牙，这类传输技术适合于智能家居、可穿戴设备以及 M2M 之间的连接及数据传输。

② 低功耗、低速率的近距离传输技术，如 ZigBee，这类传输技术适合局域网设备的灵活组网应用，如热点共享等。

③ 高功耗、高速率的广域网传输技术，如 2G、3G、4G 蜂窝通信技术，这类传输技术适合于 GPS 导航与定位、视频监控等实时性要求较高的大流量传输应用。

④ 低功耗、低速率的广域网传输技术，如 LoRa、NB-IoT 等，这类传输技术适合于远程设备运行状态的数据传输、工业智能设备及终端的数据传输等。

1.3.3　软件技术

软件技术属于物联网三层结构中的应用层。应用层可以对感知层采集的海量数据进行计算、处理和知识挖掘，从而实现对物理世界的实时控制、精确管理和科学决策。应用层的核心功能是计算、处理和控制、管理，这必然需要两种技术作为支撑，它们就是云计算和智能终端控制（App 技术）。

（1）云计算技术

根据美国国家标准与技术研究院（NIST）定义：云计算是一种按使用量付费的模式，这种模式提供可用的、便捷的、按需的网络访问，进入可配置的计算资源共享池（资源包括网络、服务器、存储、应用软件、服务），只需做很少的管理工作，或与服务供应商进行很少的交互，这些资源便能够快速提供。

1）云计算的特点

云计算具有以下几个特点。

a.超大规模

"云"具有相当的规模，Google 云计算已经拥有 100 多万台服务器，Amazon、IBM、微软、Yahoo 等公司的"云"均拥有几十万台服务器。企业私有云一般拥有成百上千台服务器。"云"能赋予用户前所未有的计算能力。

b. 虚拟化

云计算支持用户在任意位置、使用各种终端获取应用服务。所请求的资源来自"云"，而不是固定的有形的实体。应用在"云"中某处运行，但实际上用户无需了解，也不用担心应用运行的具体位置，只需要一台笔记本或者一个手机，就可以通过网络服务来实现我们需要的一切，甚至包括运行超级计算这样的任务。

c. 高可靠性

"云"使用了数据多副本容错、计算节点同构可互换等措施来保障服务的高可靠性，使用云计算比使用本地计算机可靠。

d. 通用性

云计算不针对特定的应用，在"云"的支撑下可以构造出千变万化的应用，同一个"云"可以同时支撑不同的应用运行。

e. 高可扩展性

"云"的规模可以动态伸缩，满足应用和用户规模增长的需要。

f. 按需服务

"云"是一个庞大的资源池，可以按需购买；"云"可以像自来水、电、煤气那样计费。

g. 极其廉价

由于"云"的特殊容错措施，其可以采用极其廉价的节点来构成"云"，"云"的自动化集中式管理使大量企业无需负担日益高昂的数据中心管理成本，"云"的通用性使资源的利用率较之传统系统大幅提升，因此用户可以充分享受"云"的低成本优势。

h. 潜在的危险性

云计算服务除了提供计算服务外，还提供存储服务。云计算中的数据对于数据所有者以外的其他用户是保密的，但是对于提供云计算的商业机构而言确实毫无秘密可言，所以存在危险性。

2）服务形式

云计算有3种服务形式：基础设施即服务（IaaS）、平台即服务（PaaS）和软件即服务（SaaS）。

a. IaaS

IaaS 消费者通过 Internet 可以从完善的计算机基础设施获得服务。例如，硬件服务器租用。

b. PaaS

PaaS 实际上是指将软件研发的平台作为一种服务，以 SaaS 的模式提交给用户。因此，PaaS 也是 SaaS 模式的一种应用。但是，PaaS 的出现会加快 SaaS 的发展，尤其是加快 SaaS 应用的开发速度。例如，软件的个性化定制开发。

c. SaaS

SaaS 是一种通过 Internet 提供软件的模式，用户无需购买软件，而是向提供商租用基于 Web 的软件来管理企业经营活动。例如，阳光云服务器。

做了这么多关于云计算的介绍，那么，云计算和物联网又有什么密不可分的关系呢？

3）云计算与物联网的融合

物联网系统中，存在海量的节点及数据，因此需要采用云计算技术来实现系统的架构。与普通的云计算系统不同，物联网云计算系统的数据是直接来自于传感器节点的数据流，因此，海量流数据的数据存储、高效查询、技术加载、在线分析处理等技术非常重要。此外，考虑到物联网数据具有很强的时效性，物联网云计算系统的计算工作并不是完全在计算中心完成的，而是由大量的终端节点直接参加计算，仅当局部处理完成之后，才将海量的计算结果传至云计算中心进一步处理。

此外，云计算为物联网所产生的海量数据提供了很好的存储空间。云存储可以通过集群应用、网格技术或分布式文件系统等功能，将网络中大量不同类型的存储设备通过应用软件集合起来协同工作，共同对外提供数据存储和业务访问功能。

由此看出，云计算是物联网发展的基石，而物联网又是云计算的最大用户，两者促进了云计算的发展。两者的融合可谓珠联璧合，相辅相成。

（2）App 技术

一个物联网产品仅仅能够联网上传数据是不完整的，用户还需要根据设备的不同状态对其进行远程控制，这时候就需要一个重要的角色——控制终端。PC 端和手机都能扮演这个角色，但从物联网的发展趋势来看，手机作为控制终端能够获得更好的用户体验。这也归功于它的小巧、便于携带，以及随时随地可以根据 App 查看设备的状态、历史数据、控制设备等。所以，App 的作用在相当长远的未来是不可或缺的，了解更多关于 App 的技术和发展趋势，对于产品的功能开发和提升市场竞争力具有重大意义。

物联网 App 开发与其他类型的 App 开发大体相同，但物联网 App 开发要考虑更多的通信方式和通信协议等。

1）通信方式

App 与硬件的通信方式包括 WiFi、蓝牙、NFC 等。不同的通信方式有不同的应用场景，例如，WiFi 需要稳定的网络环境且耗电多，适合于固定的不常移动的设备，如家电、办公设备等。通常 App 中会有一键配网的功能，为设备连接当前手机连接的 WiFi，实现设备的联网。蓝牙功耗低，适合于随时移动的设备，例如手环、手表、书包等带电池的小物件。NFC 功能在我们日常生活中也逐渐得到应用，例如，用手机代替公交卡、地铁卡支付等。

2）通信协议

互联网时代，TCP/IP 已经一统江湖，现在的物联网的通信架构也是构建在传统互联网基础架构之上的。在当前的互联网通信协议中，HTTP 由于开发成本低、开放程度高，几乎占据大半江山，所以很多厂商在构建物联网系统时也基于 HTTP 开发。但 HTTP 只适合于 App/ 设备主动向服务器请求数据的情况，服务器难以主动推送数据，所以这时我们需要用 MQTT（Message Queuing Telemetry Transport，消息队列遥测传输）助攻。

MQTT 是由 IBM 开发的即时通信协议，是比较适合物联网场景的通信协议。MQTT 采用发布 / 订阅模式，所有的物联网终端都通过 TCP 连接到云端，云端通过主题的方式管理各个设备关注的通信内容，负责转发设备与设备之间的消息。它可以在低带宽、不可靠的网络下提供基于云平台的远程设备的数据传输和监控。

MQTT 的特点如下。

① 使用基于代理的发布 / 订阅消息模式，提供一对多的消息发布。

② 使用 TCP/IP 提供网络连接。

③ 小型传输，开销很小，协议交换最小化，以降低网络流量。

④ 支持 QoS，有 3 种消息发布服务质量方式："至多一次""至少一次""只有一次"。

（3）App 服务

物联网 App 之所以能够成为物联网产品开发中绕不开的环节，不仅仅在于它可以实现设备的控制，还在于可以为用户提供更多的服务、更多有价值的信息，例如，设备分类管理、自定义场景、一键控制、定时任务、触发任务等，还可以参看设备的实时状态、历史数据、推送消息等。App 就像用户的小助手，时刻帮助用户监督、管理这些智能设备，并根据设备的状态提出更好的建议。

1.3.4　任务回顾

知识点总结

1. 智能硬件主流技术。

2. 硬件技术：传感器技术、PCB 制造技术。

3. 通信技术：ZigBee、WiFi、蓝牙、LoRa。

4. 软件技术：云计算、App 技术。

学习足迹

任务三学习足迹如图 1-30 所示。

图1-30　任务三学习足迹

思考与练习

1. 智能硬件主流技术包括 _____、_____、_____。

2. 分类列举出不少于 3 种常见的传感器，并简要介绍其原理。

3. 物联网通信技术有哪些？分别适合什么场景？

4. 下列哪种通信技术网络是由协调器、路由器和终端节点构成的？

　　A. WiFi　　　　B. LoRa　　　　C. NB-IoT　　　　D.ZigBee

5. 云计算和物联网有什么关系？硬件技术、通信技术、软件技术分别处于物联网 3 层结构中的哪一层？

6. App 在物联网产品中有什么作用？

1.4 项目总结

本项目是完成物联网智能网关设计与开发的第一步，通过任务一的学习，我们掌握了智能硬件的概念、智能硬件的类别、智能硬件与传统硬件相比有什么优势以及智能硬件未来发展的趋势；通过任务二的学习，我们了解了智能硬件的应用场景，及其在各个场景中充当什么角色，有什么样的功能；通过任务三的学习，我们从物联网 3 个层面分析了智能硬件的主流技术，分别是硬件技术、通信技术和软件技术。硬件技术中包括传感器技术、PCB 制造技术；通信技术中包括短距离无线通信技术 ZigBee、WiFi、蓝牙，远距离无线通信技术 LoRa；软件技术包括云计算技术、App 技术。

通过本项目的学习，学生加深了对物联网和智能硬件的认知，掌握了不同类别的传感器以及不同通信技术的不同应用场景，提高了学生的自主分析能力和学习能力。

项目总结如图 1-31 所示。

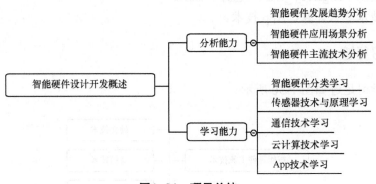

图1-31　项目总结

1.5 拓展训练

自主实践：智能硬件应用场景调查报告

随着一大批共享单车席卷中国大地，我们发现物联网已经不再是一个概念，它已经悄悄地走进了我们的生活，并影响了我们生活的方方面面。从可穿戴设备到智能家居，再到智慧医疗、智能交通、智慧农业，物联网解决了人类衣食住行所面临的各种问题。本次拓展训练的主题是自主调研，并撰写一份智能硬件应用场景的调查报告。

◆ **要求**

内容要求如下：

- 物联网、物联网的发展现状；
- 智能硬件的概念；
- 智能硬件相比传统硬件的优势；
- 智能硬件的种类；
- 智能硬件的发展现状；
- 智能硬件的应用场景，请从智能家居、智慧医疗、智慧校园、智能交通、智慧农业等场景调查分析，每个场景可以举1~3个例子；
- 不同场景的智能硬件使用了哪些主流的技术，请从传感器技术、通信技术等方面介绍；
- 智能硬件的未来发展趋势。

◆ **格式要求**：采用 Word 文档。

◆ **考核方式**：采取课内演示方式。

◆ **评估标准**：见表 1-1。

表1-1 拓展训练评估表

项目名称：智能硬件应用场景调查报告	项目承接人：姓名：	日期：
项目要求	**评分标准**	**得分情况**
物联网简介（10分）	① 物联网的概念（5分）；② 物联网发展现状（5分）；	
智能硬件简介（25分）	① 智能硬件的概念（5分）；② 智能硬件的优势（5分）；③ 智能硬件的种类（10分）；④ 智能硬件的发展现状（5分）	
智能硬件应用场景（35分）	① 智能家居（10分）；② 智慧医疗（10分）；③ 智慧校园（5分）；④ 智能交通（5分）；⑤ 智慧农业（5分）	
智能硬件的主流技术（20分）	① 传感器技术及原理（10分）；② 通信技术（10分）	
智能硬件未来发展趋势（10分）	智能硬件未来发展趋势（10分）	
评价人	**评价说明**	**备注**
个人		
老师		

项目 2

智能网关硬件设计

 项目引入

通过之前的一番了解，我觉得由智能硬件、移动 App、云服务器构成的物联网系统太有趣了，功能非常强大。现在要设计开发智能硬件，我和同事们开会讨论下一步工作！

> Serge：Henry，我们今天开始设计开发智能硬件，你知道智能硬件开发分为哪几部分吗？
>
> Henry：知道，智能硬件开发分为硬件电路开发和软件程序设计两大部分。
>
> Serge：很好，我们先设计开发硬件电路，你以前设计过硬件电路的原理图和 PCB 图吗？
>
> Henry：设计过，我之前是用 Protel 软件做设计开发的。
>
> Serge：Protel 也不错，目前我们公司统一使用 Altium Designer 软件，有很多积累下来的元器件库和 PCB 封装库，开发起来可以事半功倍，效率很高。你之前做过 PCB 设计工作，想必很清楚 PCB 设计的重要性。你可以开始准备设计智能网关的 PCB 板。
>
> Henry：好的。

终于到智能网关硬件的设计开发环节了，让我们一起看看如何使用 Altium Designer 工具设计开发智能网关的硬件 PCB 板吧！

 知识图谱

项目 2 知识图谱如图 2-1 所示。

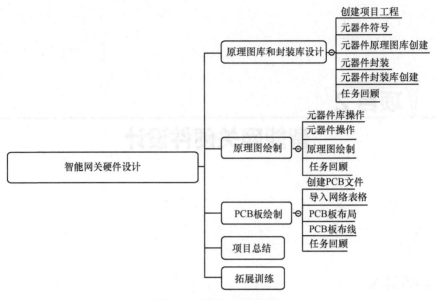

图2-1 项目2知识图谱

2.1 任务一：原理图库和封装库设计

【任务描述】

本次任务带领大家学习原理图库和 PCB 封装库的设计。AltiumDesigner 已经为开发者准备了大量的元器件库，但是因为元器件更新比较快，AltiumDesigner 不可能收录所有的元器件，这需要开发者自行绘制。

2.1.1 创建项目工程

用户启动 Altium Designer 17 时，会看到 Altium Designer 的启动画面，通过启动画面可以区别于其他 Altium Designer 版本，如图 2-2 所示。

图2-2 Altium Designer启动界面

启动 Altium Designer 17 后会进入主窗口，如图 2-3 所示。用户可以使用该窗口操作项目文件，例如，创建新项目、创建文件、打开项目、打开文件等。

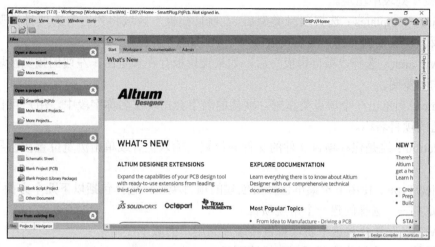

图2-3　Altium Designer主窗口图

主窗口中主要包含主菜单栏、主工具栏、导航栏、工作窗口、工作区域及状态栏 6 个部分。

Altium Designer 以设计项目为中心，在一个设计项目中可以包含各种设计文件。例如，原理图文件（sch）、电路板图文件（PCB）及各种报表，多个设计项目还可以构成一个设计项目组。因此，项目是 Altium Designer 工作的核心，所有设计工作均须以项目来展开。

首先创建一个 PCB 设计项目 project。单击主菜单栏的"File"菜单，并依次单击"New"→"Project"命令，出现如图 2-4 所示的 New Project 窗口。

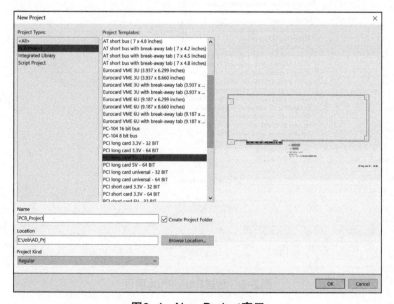

图2-4　New Project窗口

New Project 窗口主要包含以下几个要素。

Project Types：从列表中选择所需要的项目类型。如果所选类型的模板可用，它将在"项目模板"列表中出现。

Project Templates：选择项目类型后，"项目模板"区域将列出所选项目类型的所有可用模板。模板根据文件扩展名列出。

Previe area：选择"项目模板"后，如果该模板存在预览图，左边的预览区域会显示该模板的预览图。

Name：当单击一个项目类型时，默认的名字会出现在名称字段中，用户可自行输入一个合适的项目名称。

Location：这是保存项目文件的文件夹位置。输入位置或单击浏览位置按钮导航到新的位置。

ProjectType：使用下拉菜单选择要创建的项目类型。选择包括以下几个方面：

① 定期——选择创建一个常规项目；

② VCS——选择将这个新项目直接添加到用户的版本控制库；

③ 托管——选择此选项可创建托管项目。

本节需要创建一个 PCB 项目工程，并且不会使用项目模板，所以按照图 2-5 所示，项目类型选择"PCB Project"，项目模板选择"Default"，在项目名称中输入"SmartPlug"，项目文件夹位置根据自己情况的设置即可，项目类型选择常规项目。全部设置完成后，单击"OK"即可完成项目创建。

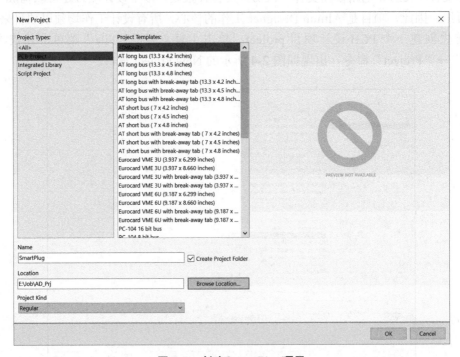

图2-5　创建SmartPlug项目

2.1.2　元器件符号

元器件符号（电路符号）在电路原理图中时，代表不同电子元器件的特定符号，因此也被称为元件位号。它一般由元器件主体和元器件标号组成。图 2-6 为根据特定的电气关系和用户需求由 Altium Designer 绘制出来的原理图。在 Altium Designer 设计中，根据元器件不同的分类方式，这些元器件符号最终被保存在相同或不同的原理图库中。

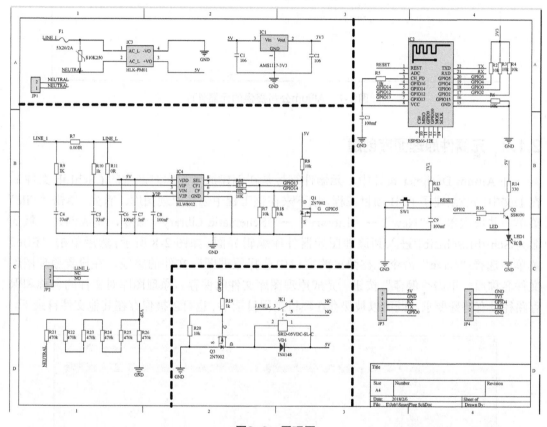

图2-6　原理图

图 2-6 中大致包含标号以字母 R 开头（R1、R2…）的电阻、以字母 C 开头（C1、C2…）的电容、以字母 IC 开头的芯片，以及标号为 RLY1 的继电器等。图 2-6 中大部分元器件的符号都是 Altium 公司以元器件库的形式提供的。

所以，Altium 公司在其官网上为开发者提供了大量的元器件库，如图 2-7 所示。而元器件库中包含了原理图库和封装库，甚至是 3D 模型。大家在 Altium 公司官方网站注册账号便可以下载了。

虽然 Altium 公司提供了丰富的元器件库资源，但是，在实际的设计中，由于电子元器件不断更新，有些元器件仍需我们自行绘制。

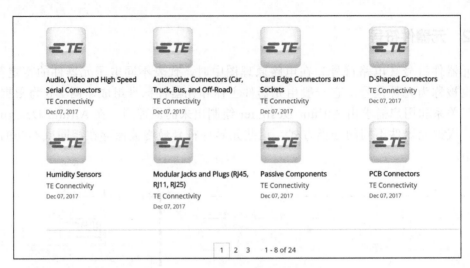

图2-7　Altium公司提供的元器件库

2.1.3　元器件原理图库创建

在 Altium Designer 设计中，元器件符号是在创建原理图库时产生的 (.SchLib 文件)。在上文中已经创建了 PCB 项目工程，接下来在该工程中创建原理图库。首先，单击"File"菜单，并依次单击"New"→"Library"→"Schematic Library"命令，完成创建，默认名为 Schlibl.SchLib，进入到原理图元器件库编辑界面，如图 2-8 所示；然后单击"File"菜单，选择"Save"命令，在弹出的窗口中选择原理图库文件的路径，在设置原理图库文件名称后，单击"保存"按钮，完成原理图库文件的保存。原理图库对文件的名称和保存路径没有特殊要求，既可以被保存在项目工程目录下，也可以被保存在其他文件目录下。

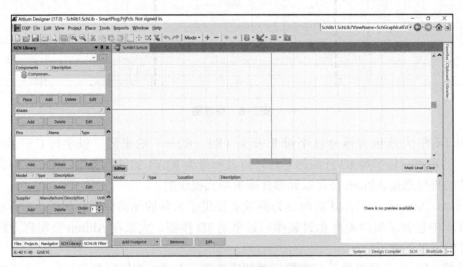

图2-8　原理图库元器件编辑器

原理图元器件库编辑器主要由 3 部分组成，左侧为 SCH Library 面板，右侧上方为元器件编辑窗口，右侧下方可以快速绑定相对应的封装，并且提供封装预览。

SCH Library 面板是原理图库编辑和环境中的专用面板，几乎包含了用户创建的库文件中的所有信息，并编辑管理元件。如图 2-9 所示，其各组成部分介绍如下。

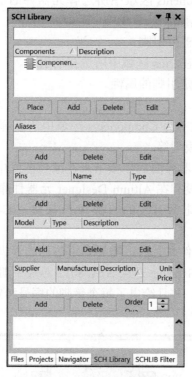

图2-9　SCH Library面板

（1）Components 栏

Components 栏管理当前元器件库中的元器件。在 Components 区域中，可以对元器件进行放置、添加、删除和编辑等操作。图 2-9 是新建的一个原理图库，其中，只包含一个名称为 Component_1 的元器件。Components 区域上方的空白区域用于设置元器件过滤项，在其中输入需要查找的元器件起始字母或者数字，在 Components 区域便会显示相应的元器件，Place 按钮用于修改和编辑元器件。

① Add 按钮用于在当前库文件中添加一个新的元器件。

② Delete 按钮用于删除当前元器件库中所选择的元器件。

③ Edit 按钮用于编辑当前元器件库中所选择的元器件。

（2）Aliases 栏

在该栏中可以为同一个库的元器件的原理图符号设定另外的名称。例如，某些元器件的功能、封装以及管脚数目都是一样的，但是是由不同的生产厂商所生产的，从而导致芯片型号不一致，对于这种情况就没有必要对这样的元器件再单独创建原理图符号，添加一个或多个别名即可。

① Add 按钮用于为 Components 区域中所选中的元器件添加一个新的别名。

② Delete 按钮用于删除在 Aliases 区域中所选择的别名。

③ Edit 按钮用于编辑 Aliases 区域中所选择的别名。

（3）Pins 栏

① Pins 栏显示在 Components 区域中所选择元器件的引脚信息，包括引脚的序号、引脚名称和引脚类型等相关信息。

② Add 按钮用于添加元器件引脚。

③ Delete 按钮用于删除在 Pins 区域中所选择的引脚。

④ Edit 按钮用于编辑选定引脚的属性。

（4）Model 栏

设计者可以在 Model 栏中为 Components 区域中所选择元器件添加 PCB 封装模型、仿真模型和信号完整性分析模型等。

在了解了原理图库编辑器界面后，接下来在原理图库中添加元器件。在图 2-6 所示的原理图中，IC2 以及 IC4 没有在 Altium Designer 元器件库中提供。其中，IC2 是 ESP-12E 模块，是基于 ESP8266 芯片开发的一款 WiFi 模块。IC4 是 HLW8012 芯片，是一款单相多功能计量芯片。

设计者在绘制原理图元件库之前，需要知道芯片的管脚信息，芯片的管脚信息一般会在芯片手册中给出。图 2-10 所示是从 HLW8012 芯片手册中截取的管脚说明。从图中可以看出该芯片有 8 个管脚，并且给出了每个管脚的序号和定义。

芯片引脚图

引脚序号	引脚名称	输入/输出	说明
1	VDD	芯片电源	芯片电池
2、3	V1P、V1N	输入	电流差分信号输入端，最大差分输入信号(V_{peak})±43.75mV
4	V2P	输入	电压信号正输入端，最大输入信号(V_{peak})±700mV
5	GND	芯片地	芯片地
6	CF	输出	输出有功高频脉冲，占空比50%
7	CF1	输出	SEL=0，输出电流有效值，占空比50%； SEL=1，输出电压有效值，占空比50%
8	SEL	输入	配置有效值输出引脚，带下拉

图2-10 HLW8012芯片引脚说明

绘制元器件主体时，单击"Place"菜单，选择"Rectangle"命令，此时鼠标光标变为十字形状，并附有一个矩形符号，如图2-11所示。双击鼠标左键，在编辑窗口放置一个矩形符号。矩形符号作为元器件的原理图符号的外形，其大小需根据所要绘制的元器件的管脚数目的多少决定。我们可以先画出一个大致的大小，放置引脚后，再做调整。

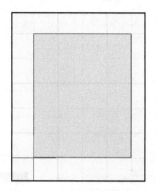

图2-11　绘制元器件主体

放置元器件管脚时，单击"Place"菜单，选择"Pin"命令，光标变为十字形状，并附有一个管脚符号，如图2-12所示。移动该管脚到矩形符号的边框处，单击左键完成放置。在放置管脚时，一定要保证具有电气特性的一端，即带有"x"符号的一端朝外，可以在放置管脚时通过按空格键旋转管脚。

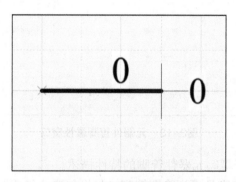

图2-12　放置元器件管脚

在放置管脚时单击"Tab"键，或者双击已放置的管脚，会弹出如图2-13所示的元器件管脚属性窗口，在该窗口内可以设置管脚的各项属性。

元器件管脚属性对话框各项属性含义如下。

① Display Name：用于设置元器件管脚的名称。Visible复选框决定Display Name是否显示出来。

② Designator：用于设置元器件管脚的序号，输入数值应该与实际的管脚序号相同。

③ Electrical Type：用于设置元器件的管脚的电气特性。有输入、输出、输入输出、打开集流器、中性的、脚、发射器和激励8个选项，我们一般选择中性选项，表示不设置电器特性。

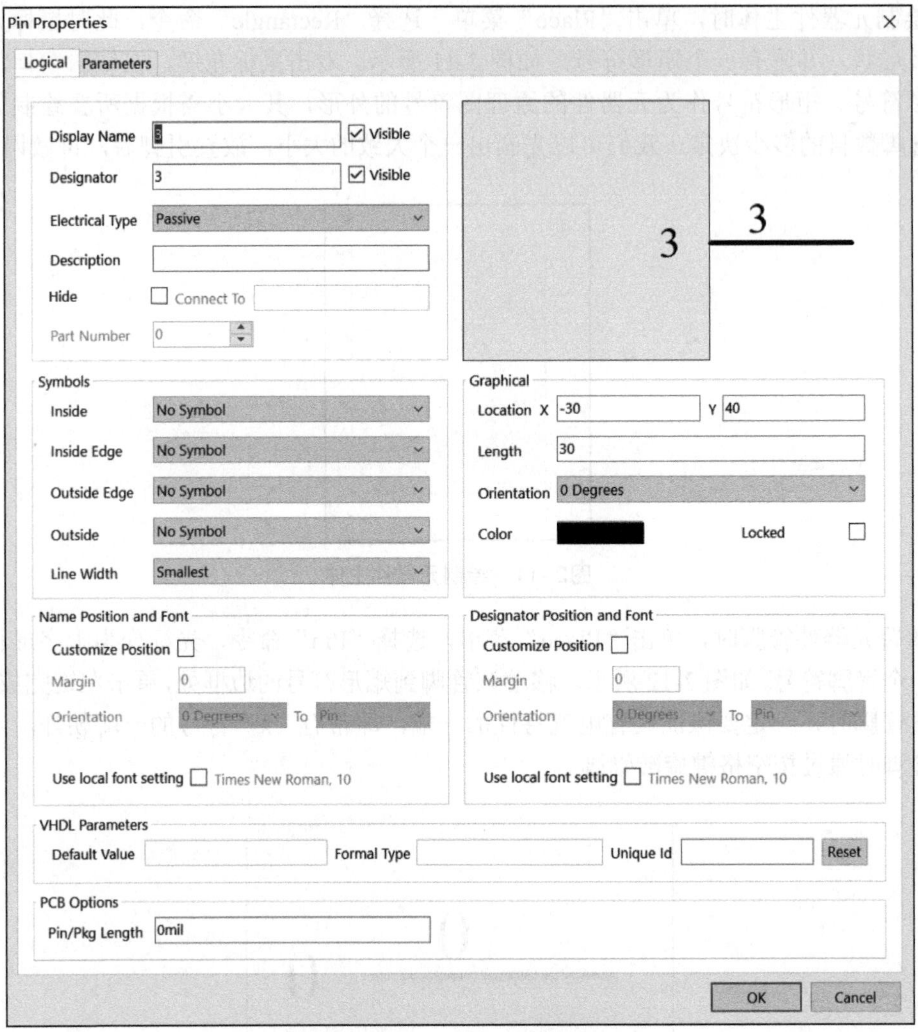

图2-13　元器件管脚属性窗口

④ Description：用于填写元器件管脚的特性描述。

⑤ Hide：用于选择管脚是否为隐藏管脚。如果勾选此复选框，管脚将不会显示出来，此时应在右侧的"Connect To"文本框中输入与该管脚连接的网络名称。

⑥ Symbol 选项组：根据管脚功能以及电气特性为该管脚设置不同的 IEEE 符号。

⑦ VHDL Parameter 选项组：用于设置元器件的 VHDL 参数。

⑧ Graphical 选项组：用于设置管脚的位置、长度、方向、颜色等基本属性。

以元器件 HLW8012 的 2 号管脚为例，由图 2-10 中可知 2 号管脚是差分输入管脚 V1P，"Display Name"文本框中填写 V1P，"Designator"文本框中填写 2，并勾选以上两个文本框后面的"Visible"复选框，其他选项采用默认设置即可。设置完成后，单击"OK"按钮，关闭对话框。按照上述同样的操作依次添加 HLW8012 的 8 个管脚，并设置每个管脚的属性，如图 2-14 所示。

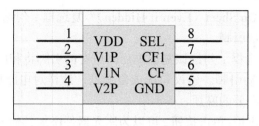

图2-14　HLW8012器件

绘制完 HLW8012 元件后，设置其元器件的属性。双击"SCH Library"面板中 Components 栏中的 Component_1 元器件，弹出元器件属性窗口，如图 2-15 所示。

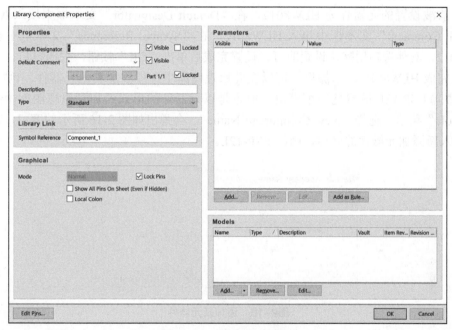

图2-15　元器件属性窗口

元器件属性窗口可以描述已创建的元器件的特性，以及其他参数设置，主要设置以下几项参数。

①"Default Designator"文本框：默认元器件标号，即把该元器件放置到原理图文件中时，系统默认显示的元器件标号。勾选右侧的"Visible（可用）"复选框，当放置该元器件时，文本框中序号会显示在原理图上。

②"Default Comment"下拉列表框：用于说明元器件的型号。勾选右侧的"Visible（可见）"复选框，当放置该元器件时，文本框中的内容会显示在原理图上。

③"Description"文本框：用于描述库元器件功能。

④"Type"下拉列表框：用于设置元器件符号类型。这里采用系统默认设置"Standard（标准）"。

⑤"Library Link"选项组：是库元器件在系统中的标识符。

⑥"Show All Pins On Sheet（Even if Hidden）"复选框：勾选该复选框后，在原理图上会显示该元器件的全部引脚。

⑦"Lock Pins"复选框：勾选该复选框后，所有的引脚将和库元器件成为一个整体，不能在原理图上单独移动引脚。建议勾选该复选框，这样对电路原理图的绘制和编辑会有很大好处，以减少不必要的麻烦。

⑧"Parameters"列表框：单击按钮，可以为库元器件添加其他的参数，如版本、作者等。

⑨"Models"列表框：单击按钮，可以为该库元器件添加其他的模型，如PCB封装模型、信号完整性模型、仿真模型、PCB 3D模型等。

⑩"Edit Pin"按钮：单击按钮，则会打开元器件引脚编辑器，可以一次性地编辑设置该元器件的所有引脚。

当前被设置的元器件为HLW8012，在"Default Designator"文本框中填入IC?，在"Default Comment"文本框中填入HLW8012，在"Symbol Reference"文本框中也填入HLW8012，其他选项用默认设置即可，设置完成后单击"OK"按钮，关闭窗口。

在完成HLW8012的添加后，可以在此原理图库中继续添加其他元器件。例如ESP-12E模块，ESP-12E虽然是一个模块，但也是以元器件的形式添加到原理图库中的。单击"Tools"菜单，选择"New Component Name"，会弹出如图2-16所示的窗口，在文本框中填入新添加元器件的名称，例如ESP-12E。

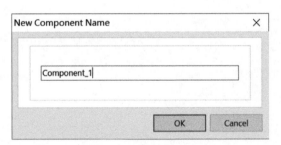

图2-16　添加新元器件

输入完成后单击"OK"按钮关闭窗口，此时可以看到"SCH Library"面板的"Components"栏中多出了一个ESP-12E元器件，如图2-17所示。在选中ESP-12E元器件后，按照上文中的方法，绘制元器件主体，添加管脚，编辑管脚信息，然后编辑元器件信息，即可完成元器件ESP-12E的添加。

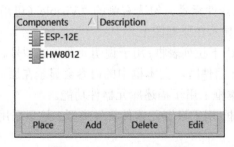

图2-17　ESP-12E元器件

2.1.4　元器件封装

封装是指把硅片上的电路管脚用导线接引到外部接头处，以便于连接其他器件。封装形式是指安装半导体集成电路芯片用的外壳。封装形式不仅起到安装、固定、密封、保护芯片及增强电热性能等方面的作用，而且还通过芯片上的接点用导线连接到封装外壳的引脚上，这些引脚又通过印刷电路板上的导线与其他器件相连接，从而实现内部芯片与外部电路的连接。

封装 PCB 板上元器件通常由一组焊盘、丝印层上的边框及芯片的说明文字组成。焊盘是封装中最重要的组成部分，用于连接芯片的引脚，并通过印制板上的导线连接印制板上的其他焊盘，进一步连接焊盘所对应的芯片引脚，完成电路板的功能。在封装中，每个焊盘都有唯一的标号，以区别于封装中的其他焊盘。丝印层上的边框和说明文字主要起指示作用，指明焊盘组所对应的芯片，方便印制板的焊接。焊盘的形状和排列是封装的关键组成部分，确保焊盘的形状、尺寸和排列正确，这样才能建立一个封装。对安装有特殊要求的封装，也需要边框绝对正确。

Altium Designer 提供了强大的封装绘制功能，能够绘制各种各样的封装。考虑到芯片的引脚排列通常是规则的，多种芯片可能有同一种封装形式，AWum Designer 提供了封装库管理功能，绘制好的封装可以方便地被保存并引用。

结构方面，封装从最早期的晶体管 TO（如 TO-89、TO92）发展到了双列直插封装，随后由 PHILIP 公司开发出了 SOP 小外型封装，以后逐渐派生出 SOJ（J 型引脚小外形封装）、TSOP（薄小外形封装）、VSOP（甚小外形封装）、SSOP（缩小型 SOP）、TSSOP（薄的缩小型 SOP）及 SOT（小外形晶体管）、SOIC（小外形集成电路）等。从材料介质方面，有金属、陶瓷、塑料等封装材料，很多高强度工作条件需求的电路，如军工和宇航级别仍有大量的金属封装。

总体上，根据元器件采用安装技术的不同，封装技术可分为插入式封装技术（Through Hole Technology, THT）和表贴式封装技术（Surface Mounted Technology, SMT）。

在安装插入式封装元器件时，元器件安置在面板的一面，将引脚穿过 PCB 板在另一面焊接。插入式元器件需要占用较大的空间，并且要为每只引脚钻一个孔，所以它们的引脚会占据两面的空间，并且焊盘也比较大。但从另一方面来说，插入式元器件与 PCB 连接较好，机械性能也好。例如，排线的插座、接口板插槽等类似的界面都需要一定的耐压能力，因此，元器件通常采用 THT 封装技术。

表贴式封装的元器件，引脚焊盘与元器件在同一面。表贴元器件一般比插入式元器件体积要小，而且不必为焊盘钻孔，并且还能在 PCB 板的两面都焊上元器件。因此，与使用插入式元器件的 PCB 比起来，使用表贴元器件的 PCB 板上元器件布局要密集很多，体积也小很多。此外，表贴封装元器件也比插入式元器件便宜，所以现今的 PCB 上广泛采用表贴元器件。

元器件封装可以大致分成以下几类。

① BGA（Ball Grid Array，球栅阵列封装），因其封装材料和尺寸的不同还细分成不

同的 BGA 封装，如陶瓷球栅阵列封装 CBGA、小型球栅阵列封装 BGA 等。

② PGA（Pin Grid Array，插针栅格阵列封装技术），这种技术封装的芯片内外有多个方阵形的插针，每个方阵形插针沿芯片的四周间隔一定距离排列，根据管脚数目的多少，可以围成 2～5 圈。安装时，将芯片插入专门的 PGA 插座。该技术一般用于插拔操作比较频繁的场合之下，如个人计算机 CPU。

③ QFP（Quad Flat Package，方形扁平封装），具有引脚间距小、管脚细的特点，为当前使用较多的芯片的一种封装形式。

④ PLCC（Plastic Leaded Chip Carrier，有引线塑料芯片载体）。表面贴装型封装之一，外形呈正方形，32 脚封装，引脚从封装的 4 个侧面引出呈"丁"字形，是塑料制品，外形尺寸比 DIP 封装小得多，PLCC 封装适合用 SMT 表面安装技术在 PCB 上安装布线，具有外形尺寸小、可靠性高的优点。

⑤ DIP（Dualln-linePackage，双列直插封装），DRAM 的一种元件封装形式，绝大多数的小规模集成电路均采用这种封装模式。

⑥ SIP（Single In-line Package，单列直插封装），引脚从封装一个侧面引出排成一条线，通常它们是通孔式的。

⑦ SOP（Small Out-line Package，小外形封装），引脚从封装两侧引出呈"L"状，表贴式封装的一种。

⑧ SOJ（Small Out-line J-Leaded Package，J 形引脚小外形封装），是 SOP 派生出的一种，引脚呈"J"形。

⑨ CSP（Chip Scale Package，芯片级封装）较新的封装形式，常用于内存条中。在 CSP 的封装方式中，芯片是通过一个个锡球焊接在 PCB 板上的，由于焊点和 PCB 板的接触面积较大，所以内存芯片在运行中所产生的热量可以很容易地被传导到 PCB 板上并散发出去。另外，CSP 封装芯片采用中心引脚形式，有效地缩短了信号的传导距离，其衰减随之减少，芯片的抗干扰和抗噪性也大幅提升。

2.1.5 元器件封装库创建

在 Altium Designer 中，元器件封装是保存在元器件封装库中的。元器件封装库的创建与元器件原理图库的创建很相似。选择"File"菜单，并依次单击"New"→"Library"→"PCB Library"命令。Altium Designer 会创建一个元器件封装库文件，默认名称为 PcbLib1.PcbLib。创建完成后，Altium Designer 会进入到元器件封装编辑界面。我们在添加元器件前，会首先保存文件，单击"File"菜单，选择"Save"，在弹出的保存文件窗口中设置元器件封装库文件的路径和名称，设置好后，单击"保存"完成。若元器件封装库路径没有特殊要求，可以保存在项目工程目录下，名称与项目工程同名即可，完成后如图 2-18 所示。

在图 2-18 中可以看到项目工程目录下存在两个文件，一个是之前创建的原理图库文件（SmartPlug.SchLib），另一个是刚刚创建的元器件封装库文件（SmartPlug.PcbLib）。单击左下角的"PCB Library"选项卡，切换到 PCB Library 面板，如图 2-19 所示。PCB Library 面板要比 SCH Library 面板简单些，各部分功能如下。

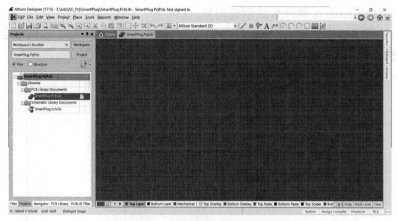

图2-18 创建元器件封装库文件

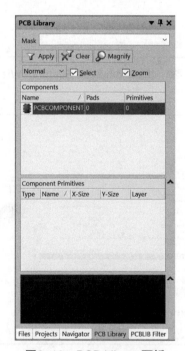

图2-19 PCB Library面板

"Mask"栏：封装并查询该库文件内的所有元器件，根据屏蔽栏内容，将符合条件的元器件封装列出。

"Component"栏：列出该库文件中所有符合屏蔽栏条件的元器件封装名称，并注明其焊盘数、管脚个数等基本属性。单击元器件列表内的元器件封装名，工作区内显示该封装，即可编辑。

我们可以自行在编辑区域中绘制元器件封装，也可以通过 Altium Designer 自带向导生成。例如，HLW8012 和 ESP-12F 模块，其中，HLW8012 采用的是 SOP8 的封装形式，使用向导生成十分方便。单击"Tools"菜单，选择"IPC Compliant Footprint Wizard"命令，会弹出如图 2-20 所示的元器件封装创建向导。

"Cancel"用于取消创建,"Next"用于开始创建。单击"Next"按钮后会出现 Select Component Type,如图 2-21 所示。

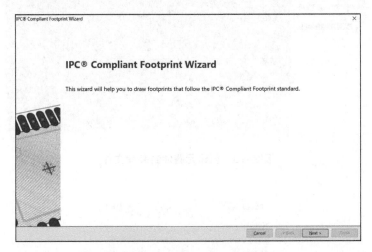

图2-20 IPC Compliant Footprint Wizard

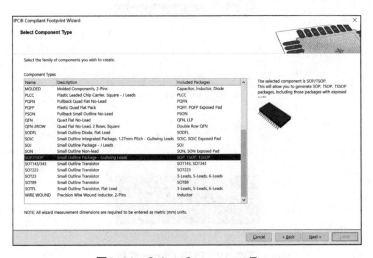

图2-21 Select Component Type

图 2-21 所示界面罗列出了向导可创建的所有封装类型,具体内容见表 2-1。HLW8012 是 SOP8 封装,这里选择"SOP/TSOP",然后单击"Next"按钮。

表2-1 Altium DesignerI PC向导可创建封装

名称	描述	包含
BGA	球栅阵列	BGA、CGA
BQFP	缓冲四方扁平包装	BQFP
CAPAE	电解铝电容器	CAPAE

（续表）

名称	描述	包含
CFP	陶瓷双扁平包装	CFP
Chip Array	芯片阵列	芯片阵列
DFN	双扁平无铅	DFN
CHIP	芯片组件、2针	电容器、电感器、电阻器
CQFP	陶瓷四方扁平封装	CQFP
DPAK	晶体管大纲	DPAK
LCC	无引线芯片载体	LCC
LGA	陆地网格阵列	LGA
MELF	MELF组件、2针	二极管、电阻
MOLDED	模制组件、2针	电容器、电感器、二极管
PLCC	塑料引线芯片载体	PLCC
PQFN	回力四方扁平无铅	PQFN
PQFP	塑料四方扁平包装	PQFP、PQFP裸露焊盘
PSON	回拉小外形无铅	PSON
QFN	四方扁平无铅	QFN、LLP
QFN-2ROW	四方扁平无铅、2排、方形	双排QFN
SODFL	小外形二极管、平的主角	SODFL
SOIC	小外形集成封装、1.27mm间距	SOIC、SOIC裸露焊盘
SOJ	小型包装－J引线	SOJ
SON	小型无铅	SON、SON裸露垫
SOP、TSOP	小轮廓包装	SOP、TSOP、TSSOP
SOT143/343	小外形晶体管	SOT143、SOT343
SOT223	小外形晶体管	SOT223
SOT23	小外形晶体管	3线、5线、6线
SOT89	小外形晶体管	SOT89
SOTFL	小型晶体管、扁平导线	3线、5线、6线
WIRE WOUND	精密线绕电感器、2针	感应器

如图 2-22 所示界面，我们需要根据实际情况设置"Overall Dimensions"和"Pin Information"的信息。一般芯片手册中会给出这些信息，但有一些芯片手册中没有给出这些信息，当没有信息的时候，我们可以手工测量，或者使用标准的封装信息（针对常用的标准封装）；如果是自定义的封装，我们只能从手册中找封装信息，或者手工测量。HLW8012 的芯片手册中已经给出了封装信息，如图 2-23 所示，我们只需要把对应的信息填写到图 2-22 所示的界面即可。

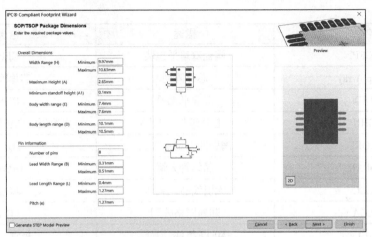

图2-22　SOP封装

标注	尺寸 最小（mm）	最大（mm）	标注	尺寸 最小（mm）	最大（mm）
A	4.95	5.15	C3	0.05	0.20
A1	0.37	0.47	C4	0.20TYP	
A2	1.27TYP		D	1.05TYP	
A3	0.41TYP		D1	0.40	0.60
B	5.80	6.20	R1	0.07TYP	
B1	3.80	4.00	R2	0.07TYP	
B2	5.0TYP		θ1	17°TYP	
C	1.30	1.50	θ2	13°TYP	
C1	0.55	0.65	θ3	4°TYP	
C2	0.55	0.65	θ4	12°TYP	

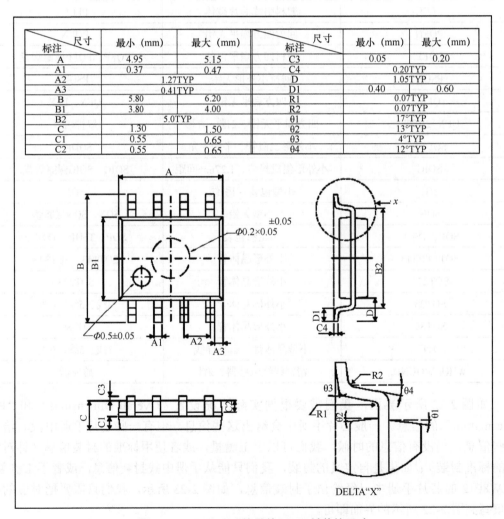

图2-23　HLW8012使用的SOP8封装的尺寸

如图 2-24 所示是按照 HLW8012 手册中的封装信息填写后的界面。右侧为 3D 模型预览模式，单击图中的"2D"可以将预览模式切换到 2D 预览模型。填写完所有信息后，我们直接单击"Finish"完成创建。需要说明的是，在此界面之后还有一些配置界面用于优化所创建的封装，但是作为入门阶段，使用默认设置就能够满足要求。

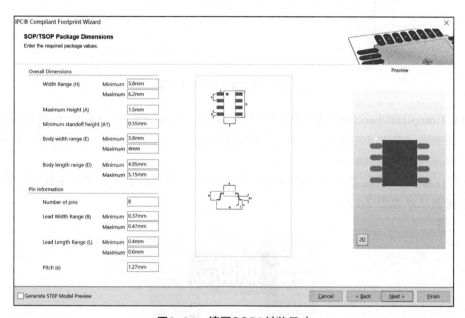

图2-24　填写SOP8封装尺寸

如图 2-25 所示，一个 SOP8 的元器件封装创建完成。我们在"Components"栏选中该元器件，双击编辑元器件属性，会弹出如图 2-26 所示的"PCB Library Component"对话框；在"Name"文本框中输入名字，这里我们可以输入 HLW8012，也可以输入 SOP8，其他项不用修改；最后，单击"OK"按钮完成编辑即可。

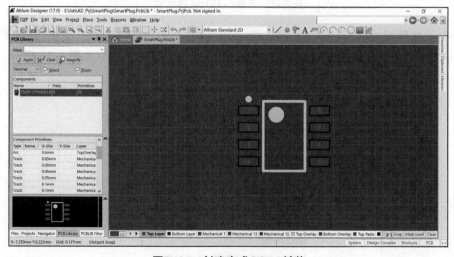

图2-25　创建完成SOP8封装

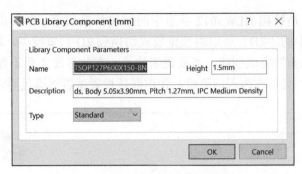

图2-26　添加新的元器件封装

IPC Compliant Footprint Wizard 适合创建标准的元器件封装，对于一些自定义封装的器件，例如各种新出的接插件、自定义模块等，这些元器件没有标准的封装，这种情况下我们需要自己绘制封装库。

ESP-12E 是一款自定义的 WiFi 模块，其封装是由模块厂商决定的，在其模块手册中，看到的封装尺寸如图 2-27 所示。

图2-27　ESP-12E封装尺寸

绘制元器件封装时，我们选择"TopOverlay"层，然后单击"Place"菜单，选择"Line"，从原点开始画一条横向的直线，然后再过原点画一条垂直的竖线，如图 2-28 所示。

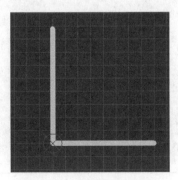

图2-28　绘制元器件封装

然后我们双击"横线"，会弹出图 2-29 所示的线段编辑对话框，从该窗口可以看出"Start"坐标为 <0,0>，线宽为 0.254mm，"End"坐标为 <0，(实际画了多长即显示具体数字) >，起点、线宽以及其他项都不需修改，只把终点坐标改成 <0,16> 即可 (改成 16 是因为根据图 2-27 所示模块宽度为 16mm)，然后按照相同的方法编辑竖线，把竖线的终点坐标改成 <0,24> 即可。

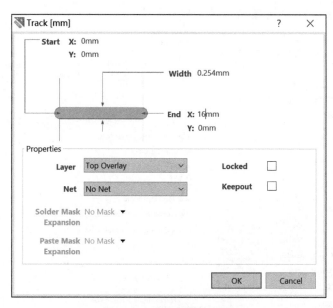

图2-29　线段编辑对话框

在编辑完成后，我们分别复制横线和竖线，粘贴后将其组成一个矩形。这样元器件的主体轮廓的放置就完成了，如图 2-30 所示。

图2-30　元器件主体

在绘制完成元器件轮廓边框后，我们开始放置焊盘。单击"Place"菜单，选择"Pad"

命令,此时光标变为十字,并附有一个焊盘图形;先不要放置焊盘,而是敲击键盘上的"Tab"键,弹出 Pad 编辑对话框,如图 2-31 所示。

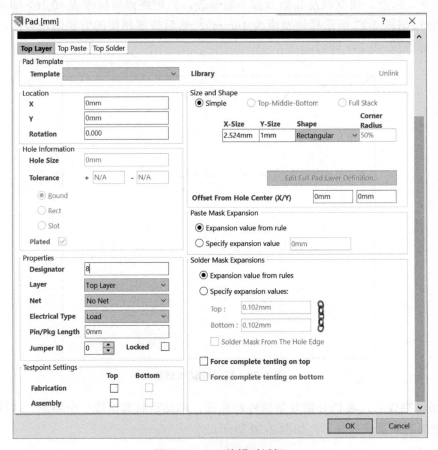

图2-31 Pad编辑对话框

完成编辑后,将焊盘放置好,如图 2-32 所示。

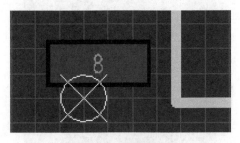

图2-32 放置焊盘

根据图 2-27 所示的尺寸信息,我们移动焊盘,使其到达准确的位置。我们左键单击选中焊盘,单击"Edit"菜单,并一次选择"Move"→"MoveSelectionbyX,Y"命令,之后会弹出图 2-33 所示的移动对话框。

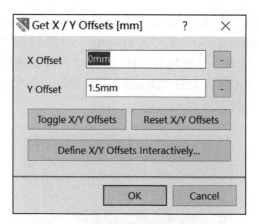

图2-33　移动对话框

根据图 2-27 所示的尺寸信息，我们在"XOffset"中填入 0.25，在"YOffset"中填入 1.5，然后单击"OK"按钮完成移动，移动焊盘如图 2-34 所示。

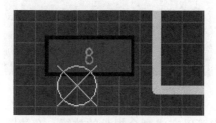

图2-34　移动焊盘

根据图 2-27 所示，模块左右两侧各有 8 个焊盘，下方有 6 个焊盘。这些焊盘并不用逐个放置，只需要通过复制粘贴即可。左键单击选中焊盘，并使用"Ctrl+C"快捷键，复制焊盘，此时光标变成十字状，左键单击焊盘中心，即可完成复制过程。我们单击"Edit"菜单，选中"Paste Special"，"Paste Special"窗口弹出后，我们选择"Paste Array"命令，会弹出图 2-35 所示的粘贴矩阵对话框。

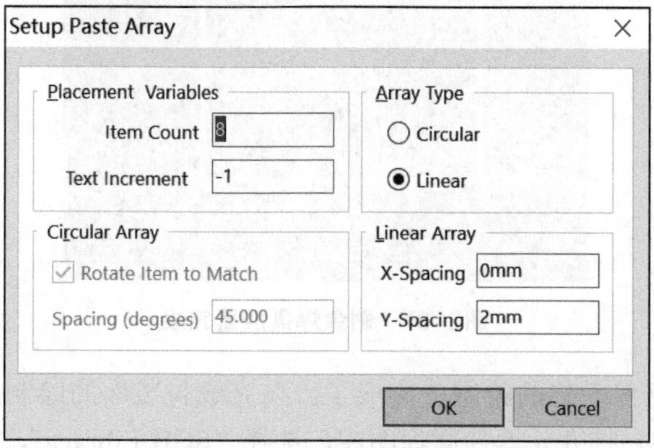

图2-35　粘贴矩阵对话框

我们在"Item Count"中填入 8，在"Text Increment"中填入"-1"，"Array Type"选择"Linear"，在"Linear Array"的"X-Spacing"中填写 0，"Y-Spacing"中填入 2，然后单击"OK"按钮，此时光标变为十字状，单击 8 号焊盘的中心即可完成粘贴，然后再单击 8 号焊盘，通过单击键盘上的"Delete"键，删除一个 8 号焊盘，这样，模块左侧焊盘的放置就完成了，如图 2-36 所示。

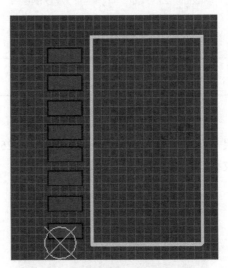

图2-36　放置模块左侧焊盘

通过相同的方法，我们可以完成剩余焊盘的放置，在放置的过程中，必须严格按照芯片手册给出的元件大小、焊盘间距及焊盘大小，准确无误地设计元件封装，如图 2-37 所示。

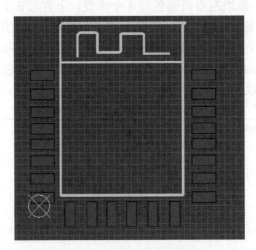

图2-37　剩余焊盘放置完成

至此，两个元器件封装的绘制就完成了。在完成封装库的绘制后，我们重新关联元器件原理图库与封装。打开元器件原理图库，选择"SCH Library"，然后选中元器件原理图符号，如图 2-38 所示。

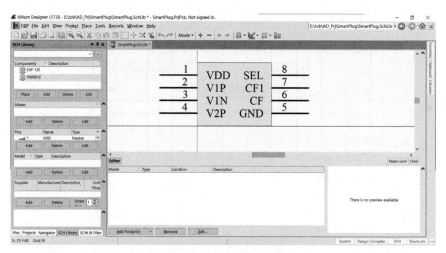

图2-38　元器件原理图符号

　　单击图 2-38 所示的"ADD Footprint"，会弹出图 2-39 所示的 PCB Model 对话框。单击图中的"Browse"按钮，会弹出图 2-40 所示的原理图符号关联封装。软件已经自行匹配了同名封装库文件，我们选择 HLW8012，单击"OK"按钮完成选择。

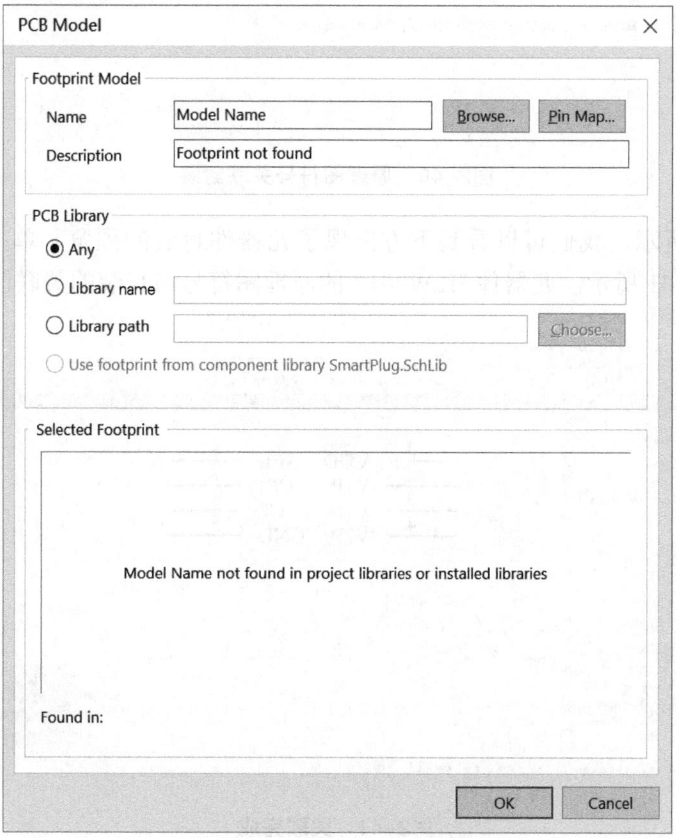

图2-39　PCB Model对话框

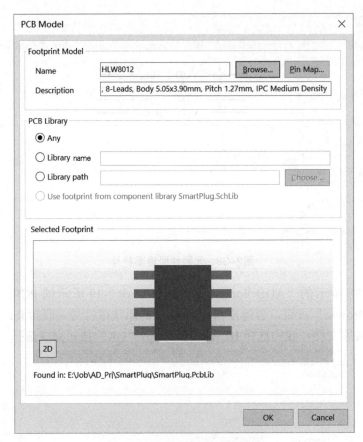

图2-40　原理图符号关联封装

　　如图 2-40 所示，我们可以看到下方出现了元器件封装的预览，单击"OK"按钮完成关联。如图 2-41 所示，元器件 HLW8012 的原理图符号与封装的关联已经完成了。

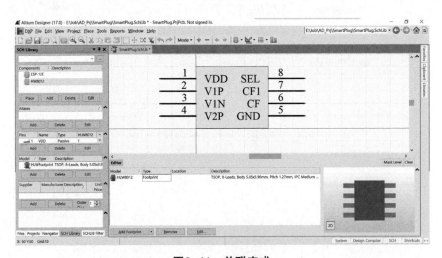

图2-41　关联完成

按照相同的方法，可以完成模块 ESP-12E 原理图符号与封装的关联。

2.1.6　任务回顾

知识点总结

1. 创建项目工程。

2. 创建原理图库文件。

3. 在原理图库中添加（绘制）元器件的原理图符号。

4. 创建封装库文件。

5. 在封装库中添加（绘制）元器件封装。

学习足迹

任务一学习足迹如图 2-42 所示。

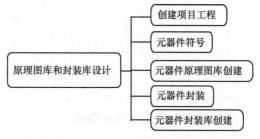

图2-42　任务一学习足迹

思考与练习

1. 如何创建项目工程？

2. 如何在原理图库中添加（绘制）元器件的原理图符号？

3. 如何在封装库中添加（绘制）元器件封装？

2.2　任务二：原理图绘制

【任务描述】

在本任务中，我们学习如何使用 Altium Designer 绘制原理图，包括元器件库的安装和删除、元器件查找和放置、编辑元器件属性等操作。绘制原理图应尽量简洁、美观，这样易于相关人员查看及验证。

2.2.1 元器件库操作

Altium Designer 为开发者制作了大量元器件库，在绘制原理图之前，我们首先要学会如何使用元器件库，学会元器件库的安装、删除及查找元器件等操作。

我们单击"Design"菜单，选择"Browse Library"，软件会弹出 Library 面板，如图 2-43 所示。

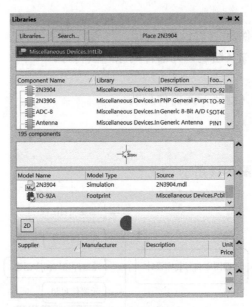

图2-43　Library面板

利用 Library 面板我们可以快速完成元器件的查找，以及元器件库的安装和删除等操作。

当不知道想要放置的元器件在哪个元器件库中时，我们需要使用查找功能。单击 Library 面板上的"Search"按钮，软件会弹出搜索对话框，如图 2-44 所示。

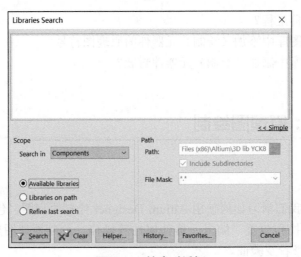

图2-44　搜索对话框

搜索对话框各部分功能如下。

（1）"Scope"设置区

"Scope"设置区有一个下拉列表框和一个复选框。"Search in"下拉列表框可用于设置查找类型，共有4种选择，分别是Components（元器件）、Protel Footprints（Protel 封装）、3D Models（3D 模型）和Database Components（库元器件）。若选中复选框Clear existing query，则表示已清除存在的查询结果。"Scope"设置区主要用于设置查找范围：若选中"Available libraries"，则在目前已经加载的元器件库中查找；若选中"Libraries on path"，则按照设置的路径查找。

（2）"Path"设置区

"Path"设置区用于设置查找元器件的路径，主要由"Path"和"File Mask"选项组成，只有在选择"Libraries on path"时，它才能设置路径。单击"Path"文本框右边的打开文件按钮，会弹出浏览文件夹对话框，我们可以选中相应的搜索路径。一般情况下，"Path"下方的"Include Subdirectories"和"File Mask"是文件过滤器，默认采用通配符。

（3）文本栏

文本栏用来输入要查找的元器件的名称。若文本框中有内容，单击"Clear"按钮，里面的内容将被清空，然后我们再输入要查找的元器件的名称。

例如，我们想要在库路径中搜索ESP8266元器件，可以在文本栏中输入ESP8266，在"Scope"区选择"Components"，并选择"Libraries on path"，在"Path"区选择库文件路径，并勾选"Include Subdirectories"，然后单击"Search"按钮搜索，搜索结果如图2-45所示。

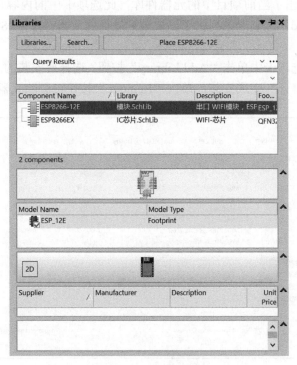

图2-45　搜索结果

由于安装到 Library 面板的元器件库会占用内存，当安装过多的元器件库时，软件占用的内存会明显增加，从而影响软件运行速度，因此建议只安装当前用到的元器件库，并删除当前不用的元器件库。

单击 Library 面板上的"Libraries"按钮，或者单击"Design"菜单，选择"Add/Remove Library"命令，软件会弹出 Available Libraries 对话框，如图 2-46 所示。

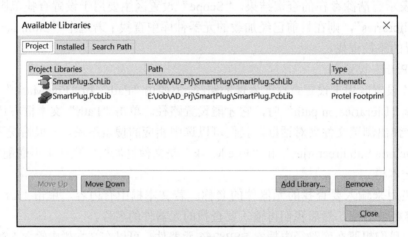

图2-46　项目中安装的元器件库

Available Libraries 对话框中共有"Project""Installed""Search Patch"3 个选项卡。"Project"选项卡列出了当前项目中的元器件库，此选项卡中的内容可能会因为项目的不同而不同；"Installad"选项卡中列出了已安装到软件的元器件库；"Search Patch"选项卡列出的是查找路径。

在"Project"选项卡中单击"Add Library"按钮，选择要安装的元器件库，如图 2-47 所示，然后单击"打开"完成安装，单击"Remove"按钮可删除元器件库。

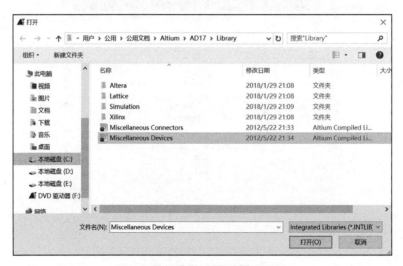

图2-47　选择要安装的元器件库

在"Installad"选项卡中添加元器件库的方法与"Project"选项卡的类似，不同的是在安装元器件库时，先单击"Install"按钮然后选择"Install from file"打开文件浏览对话框，选择好要添加的库文件后，单击"打开"，完成安装，删除方法同"Project"选项卡。

2.2.2 元器件操作

在项目中创建原理图文件的流程如下：单击"File"菜单，并依次选择"New"→"Schematic"，软件会创建一个默认名称为"sheet1.Schdoc"的文件，单击"File"菜单，选择"Save"，设置好原理图文件路径及文件名称后，单击"保存"按钮。原理图文件路径及名称没有特殊要求，可以放在项目工程目录下，与项目同名即可。

（1）元器件的放置

在当前项目中安装了所需的元器件库之后，就要在原理图中放入元器件。下面以放置 ESP-12E 为例，介绍元器件的放置步骤。

首先单击"View"菜单，选择"Fit Document"命令，将原理图显示在整个窗口中；然后选择要放置的区域（鼠标光标停留在此处），可以使用"Page Down"或者"Page Up"对光标所在区域进行缩小或者放大。

单击"Library"面板，可以按照上文中的搜索方法查找 ESP-12E 元器件，或者下拉元器件库列表找到 ESP-12E 所在元器件库，此处选择"SmartPlug.SchLib"，使之成为当前库，在元器件列表中找到 ESP-12E 元器件。

选中 ESP-12E 后，单击"PlaceESP-12E"按钮或者双击元器件名称，此时光标变成十字状，同时光标上附有一个 ESP-12E 元器件的轮廓，此时敲击"Tab"键，可以编辑元器件的属性。

我们将光标移动到原理图中选定的区域，单击鼠标左键放置。此时依然处于元器件放置状态，我们可以单击鼠标左键连续放置。

元器件放置完成后，单击鼠标右键或者敲击"Esc"键退出元器件放置状态，光标恢复为箭头状态。

图 2-48 所示为放置了 ESP-12E 以及相关外围元器件的图示。

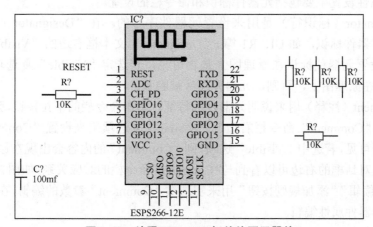

图2-48 放置ESP-12E相关外围元器件

如图 2-48 所示，在原理图编辑区域放置了很多元器件，当需要设置某个元器件时，我们可以在放置时按"Tab"键或者在放置后用鼠标左键双击该元器件，调出原理图元器件属性对话框，如图 2-49 所示。

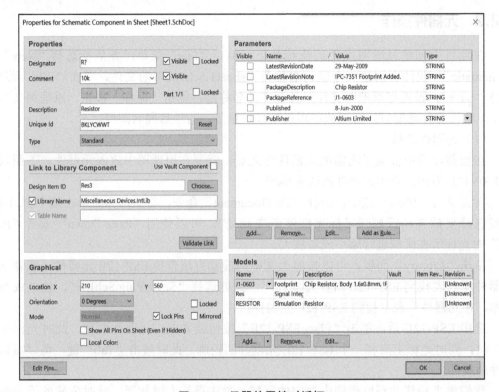

图2-49　元器件属性对话框

下面我们介绍一下"Properties for Schematic Component in Sheet（原理图元器件属性）"对话框的设置。

1）Properties 选项区域

元器件属性设置主要包括元器件标识和命令栏的设置。

① Designator（标识符）是用来设置元器件序号的。在"Designator（标识符）"文本框中输入元器件标识，如 U1、R1 等。"Designator"文本框右边的"Visible"（可见的）复选框用来设置元器件标识在原理图上是否可见，若选定"Visible"复选项，元器件标识 U1 会出现在原理图上，否则，元器件序号被隐藏。

② Comment（注释）用来说明元器件的特征。单击命令栏的下拉按钮，弹出如图 2-50 所示对话框。"Comment"命令栏右边的"Visible"复选项用来设置"Comment"的命令在图纸上是否可见，若选中"Visible"选项，则"Comment"的内容会出现在原理图图纸上。在元器件属性对话框的右边可以看到与"Comment"命令栏的对应关系，如图 2-51 所示。"添加""移除""编辑""添加规则按钮"用来实现对"Comment"参数的编辑，在一般情况下，没有必要对元器件属性编辑。

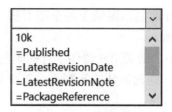

图2-50 注释选项

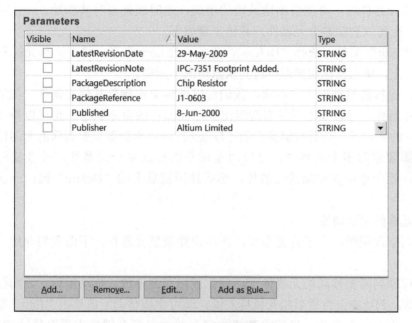

图2-51 注释编辑

③ Description（描述）简单描述元器件功能作用。

④ Unique Id（唯一 Id）是系统随机赋予元器件的唯一 Id 号，用来与 PCB 同步，用户一般不需对其修改。

⑤ Type（类型）即元器件符号的类型，单击后面下拉按钮可以选择。

2）Link to Library Component（连接库元器件）选项区域

① Library Name 即元器件所在元器件库名称。

② Design Item ID 即元器件在库中的图形符号。单击后面可以对其修改，但这样会引起整个电路原理图上的元器件属性的混乱，建议用户不要随意修改。

3）Graphical（图形的）选项区域

① Graphical（图形的）选项主要包括元器件在原理图中的位置、方向等属性设置。

② Location 主要用于设置元器件在原理图中的坐标位置，一般不需要设置，通过移动鼠标找到合适的位置即可。

③ Orientation 主要用于设置元器件的翻转，改变元器件的方向。

④ Mirrored（镜像）如果被选中，元器件将翻转180°。

⑤ Show All Pins On Sheet 即显示图纸上的全部引脚（包括隐藏的）。TTL 器件一般隐藏了元器件的电源和地的引脚。

⑥ LocalColors 如果被选中，则采用元器件本身的颜色设置。

⑦ Lock Pins 如果被选中，则元器件的管脚不可以单独移动和编辑。建议选择此项，以避免不必要的误操作。

一般情况下，设置元器件属性只需设置元器件"Designator（标识）"和"Comment（注释）"参数，其他采用默认设置即可。

在放置元器件时，可能会出现放错的情况，这时候就要将其删除。一次可以删除一个元器件，也可以删除多个元器件，具体步骤如下。

单击"Edit"菜单，选择"Delete"，光标会变成十字形，将十字形光标移动到要删除的元器件上，单击鼠标左键即可将其从原理图上删除。

此时，光标依然处于十字形状，我们可以继续单击删除其他元器件，如果不再需要删除其他元器件，可以单击鼠标右键退出删除元器件的命令状态。也可以单击鼠标左键选中要删除的元器件，然后按键盘上的"Delete"键快速删除需要删除的元器件。

如果需要删除多个元器件，可以用鼠标左键拖选多个元器件，或者使用键盘上的"Ctrl"键，逐个选中要删除的元器件，然后使用键盘上的"Delete"键，一次性删除多个元器件。

（2）元器件位置调整

在绘制原理图时，为了方便布线，往往需要调整元器件，下面我们介绍一些常用的操作。

将光标移到需要移动的元器件上，按住鼠标左键不放，拖动鼠标，元器件将会随光标一起移动，到达指定位置后松开鼠标左键，即可完成移动；或单击"Edit"菜单，选择"Move"→"Move"命令，光标将变成十字形状，鼠标左键单击需要移动的元器件后，元器件将随光标一起移动，到达指定位置后再次单击鼠标左键，完成移动。此时，光标一样处于十字状，可以继续移动其他元器件，当所有需要移动的元器件完成移动后，可以单击鼠标右键退出"Move"命令状态。

单击选取需要调整的元器件，然后按"空格"键可以旋转操作元器件或单击需要旋转的元器件并按住不放，等到光标变成十字形后，按"空格"键同样可以旋转。每按一次空格键，元器件逆时针旋转90°。

单击选取需要调整的元器件并按住不放，等到光标变成十字形后，按"X"键，可以左右翻转元器件。单击选取需要调整的元器件并按住不放，等到光标变成十字形后，按"Y"键，可以上下翻转元器件。

2.2.3 原理图绘制

在绘制原理图的时候，我们可以通过"Place"菜单栏实现该操作，也可以通过快速工具栏放置布线工具实现该操作，放置菜单如图 2-52 所示，放置工具栏如图 2-53 所示。

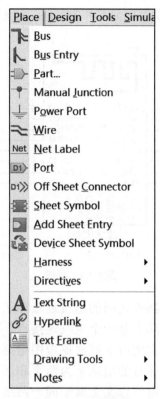

图2-52 放置菜单

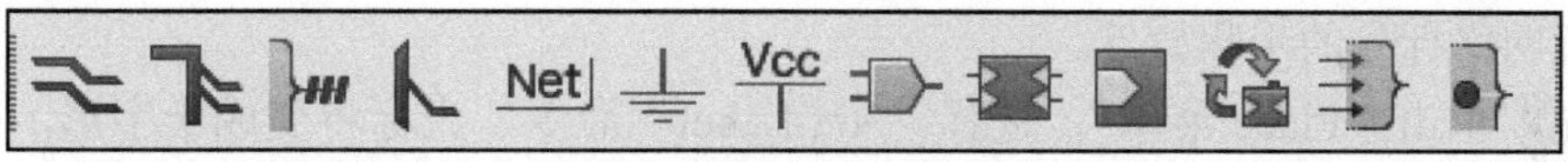

图2-53 放置工具栏

导线是电路原理图中最基本的电气组件之一的导线具有电气连接的意义，下面介绍绘制导线的具体步骤。

单击"Place"菜单，选择"Wire"命令，进入绘制导线状态；或者点击快速工具栏中的"Wire"图标进入绘制导线状态。

进入绘制导线状态后，光标变成十字形，具体绘制导线的步骤如下。

将光标移到要绘制导线的起点，若导线的起点是元器件的引脚，当光标靠近元器件引脚时，会自动移动到元器件的引脚上，同时出现一个红色的"X"表示电气连接的意义。单击鼠标左键确定导线起点。移动光标到导线拐点或终点，在导线拐点处或终点处单击鼠标左键确定导线的位置，每转折一次都要单击鼠标一次。

绘制完一条导线后（即使用鼠标左键单击了一条导线的终点后），软件会自动退出本条导线的绘制，但此时软件仍处于绘制导线状态，将光标移动到新的导线的起点，按照上面的方法继续绘制其他导线。绘制完所有的导线后，单击鼠标右键退出绘制导线状态，光标由十字形变成箭头。

用导线连接 ESP-12E 及相关外围元器件的方法，如图 2-54 所示。

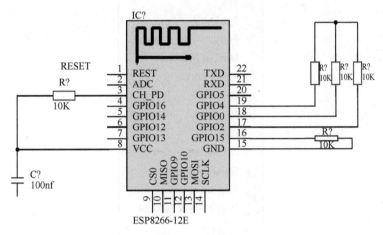

图2-54　导线

在绘制原理图过程中，元器件之间的电气连接除了使用导线外，还可以通过设置网络标号来实现。网络标号实际上是一个电气连接点，将具有相同网络标号的电气连接是连接在一起的。网络标号主要用于层次原理图电路和多重式电路中的各个模块之间的连接，也就是说定义网络标号的用途是为两个和两个以上没有相互连接的网络命名相同的网络标号，使它们在电气含义上属于同一网络，这在印刷电路板布线时非常重要。在连接线路比较远或线路走线复杂时，使用网络标号代替实际走线会使电路图简化。

放置网络标号的步骤如下。

首先，单击"Place 菜单"，选择"Net Label"命令，光标将变成十字形，并出现一个虚线方框悬浮在光标上。此方框的大小、长度和内容由上一次使用的网络标号决定。

将光标移动到放置网络名称的位置（导线或总线），光标上出现红色的"X"，此时单击鼠标左键就可以放置一个网络标号了；一般情况下，为了避免放置后修改网络标号带来的麻烦，在放置网络标号前，我们按"Tab"键，对网络标号的属性进行设置。

移动鼠标到其他位置继续放置网络标号（放置完第一个网路标号后,不按鼠标右键）。在放置网络标号的过程中，如果网络标号的末尾为数字，那么这些数字会自动增加。

单击鼠标右键或按"Esc"键退出放置网络标号状态。

网络标号用于不同网络的电气连接，一般由两个或两个以上相同名称的网络标号组成。放置好的网络标号如图 2-55 所示。

在放置网络标号过程中，我们按"Tab"键，可以调出网络标号属性对话框，以编辑网络标号；如果放置后需要修改网络标号，我们可以通过鼠标左键双击需要修改的网络标号，调出网络标号编辑对话框，以编辑需要改的网络标号，如图 2-56 所示。

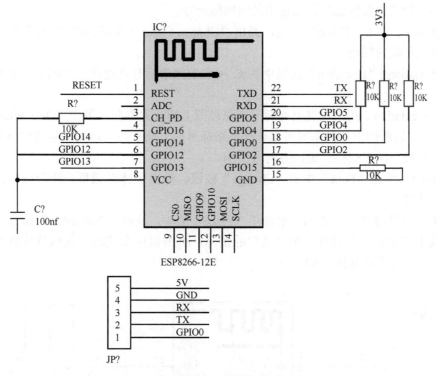

图2-55 网络标号

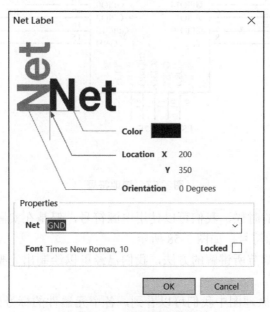

图2-56 编辑网络标号

网络标号属性对话框主要可以设置如下选项。

① Net：定义网络标号。可以在文本栏中直接输入想要放置的网络标号，也可以单

击后面的下拉三角按钮选取前面使用过的网络标号。

② Color：单击"Color"选项，弹出"Choose Color（选择颜色）"对话框，我们可以选择自己喜欢的颜色。

③ Location："Location"选项中的x、y表明网络标号在电路原理图上的水平和垂直坐标。

④ Orientation：用来设置网络标号在原理图上的放置方向。单击"Orientation"栏中"0 Degrees"后面的下拉菜单即可以选择网络标号的方向；也可以用"空格"键实现方向的调整，每按一次"空格"键，方向改变90°。

⑤ Font：单击"Font"中的"Change"按钮，弹出字体对话框，我们可以选择自己喜欢的字体等。

在放置接地符号时，我们一般使用"Place"菜单，选择"PowerPort"命令，此时光标会变成十字形状，并附有一个"地"的图标，单击鼠标左键将该接地符号放置到需要放置的地方，放置后如图2-57所示。

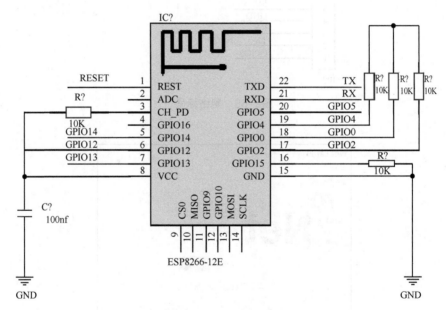

图2-57　接地符号

在放置电源符号的时候，我们可以使用电源符号，但是在实际绘制中，我们更多地会将网络标号作为电源符号，如图2-58所示。

通过学习以上各章节所讲解的方法，我们已经可以绘制出完整的原理图，完整的原理图如图2-59所示。

在图2-59所示的原理图中我们可以看到，各个元器件的标号为"＊？"的形式，如果电阻的标号都是"R？"，这样是不可以的，因为在后面向PCB文件导入时会报错。此时我们可以通过软件的自动工具对各个元器件重新标号。

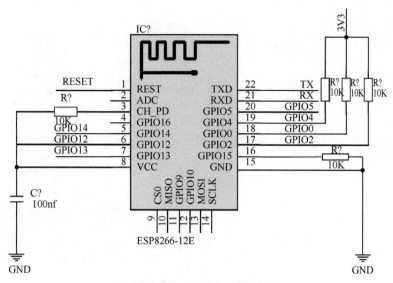

图2-58 电源符号

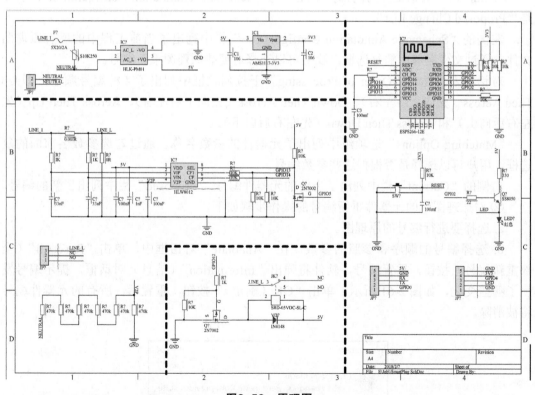

图2-59 原理图

① 单击"Tools"菜单,并依次选择"Annotation"→"AnnotateSchematic"命令,软件会弹出 Annotate 对话框,如图 2-60 所示。

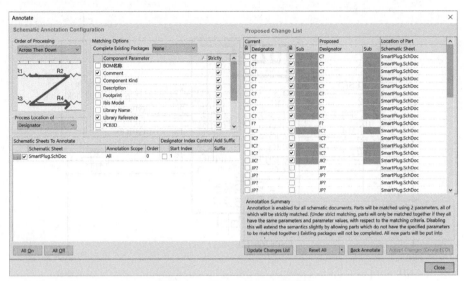

图2-60 "Annotate"对话框

"Annotate"对话框分为两部分：左侧是"Schematic Annotation Configuration"，右侧是"Proposed Change List"。

左侧的"Schematic Annotation Configuration"栏中列出了当前工程中的所有原理图文件，通过文件名前面的复选框，我们可以选择对哪些原理图重新编号。

对话框左上角的"Order of Processing"下拉列表框中列出了4种编号顺序，即Up Then Across（先向上后左右）、Down Then Across（先向下后左右）、Across Then Up（先左右后向上）和Across Then Down（先左右后向下）。

"Matching Options"选项组中列出了元器件的参数名称。通过勾选参数名前面的复选框，用户可以选择是否根据这些参数编号。

右侧的"Current"栏中列出了当前的元器件编号，"Proposed"栏中列出了新的编号。

② 对原理图中的元器件重新编号的操作步骤如下。

a. 选择要进行编号的原理图。

b. 选择编号的顺序和参照的参数，在"Annotate"对话框中，单击"ResetAll"（全部重新编号）按钮，重置编号，软件将弹出"Information"（信息）对话框，提示编号发生了哪些变化，如图2-61所示；单击"OK（确定）"按钮，重置后，所有的元器件编号将被消除。

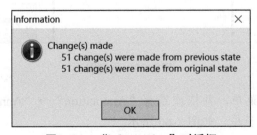

图2-61 "Information"对话框

c. 单击"Update Change List"按钮，重新编号，软件将再次弹出"Information（信息）"对话框，提示相对前一次状态和相对初始状态发生的改变。

d. 单击"Accept Changes"按钮，在弹出的"Engineering Change Order"对话框中查看更新，如图 2-62 所示。

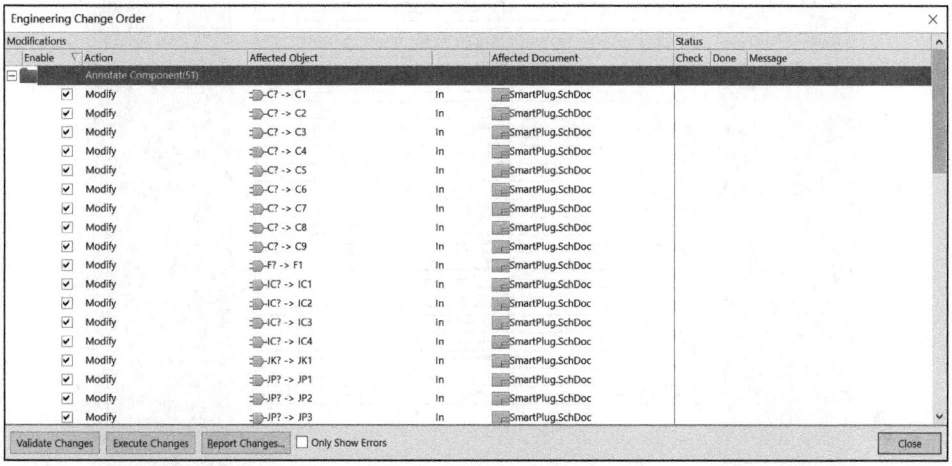

图2-62 "Engineering Change Order"对话框

e. 在"Engineering Change Order"对话框中，单击"Validate Changes"按钮，可以验证修改的可行性，如图 2-63 所示。

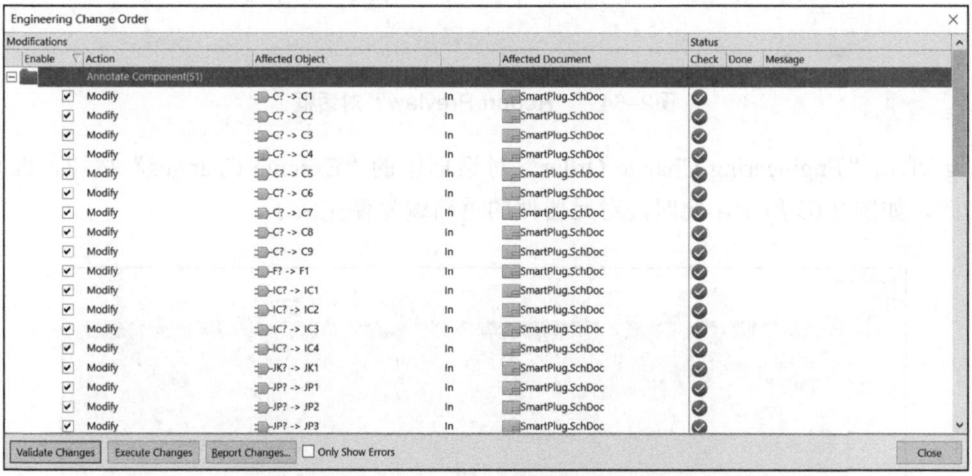

图2-63 "Engineering Change Order"更改

f. 单击"Report Changes"按钮，系统将弹出如图 2-64 所示的"Report Preview"对话框，在其中可以将修改后的报表输出。单击"Export"按钮，可以保存该报表，默认为一个 Excel 文件；单击"Open Report"按钮，可以打开该报表；单击"Print"按钮，可以将该报表打印。

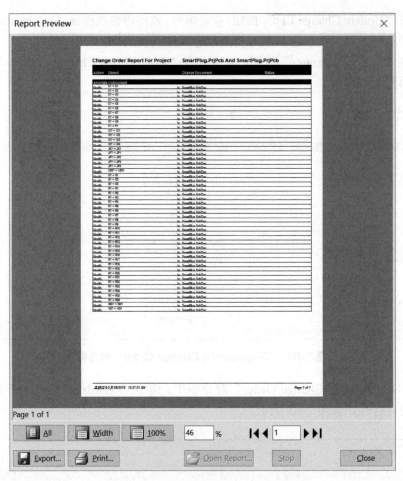

图2-64　"Report Preview" 对话框

g. 单击 "Engineering Change Order" 对话框中的 "Execute Changes" 按钮，即可执行修改，如图 2-65 所示，此时，对元器件的重新编号便完成了。

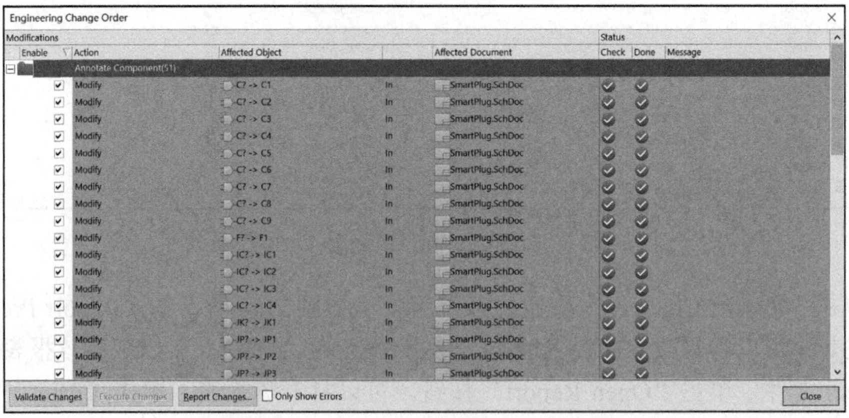

图2-65　执行 "Engineering Change"

③BOM 的制作过程为：单击"Reports"菜单，选择并单击"Bill of Materials"命令，软件会弹出"Bill of Materials"对话框，如图 2-66 所示；单击"Export"导出并保存 Excel 表，为后期购买元器件和焊接做准备。

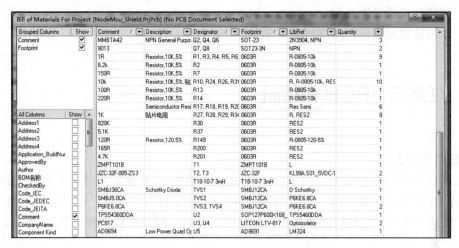

图2-66　"Bill of Materials"对话框

原理图绘制部分的基础内容就讲解完成了。一些更深入的内容，读者可以在学习完基础知识后，再深入学习。

2.2.4　任务回顾

知识点总结

1．安装、删除原理图库、封装库。
2．查找、放置、调整元器件。
3．编辑元器件属性。
4．放置导线、网络标号等。

学习足迹

任务二学习足迹如图 2-67 所示。

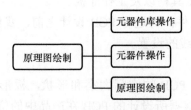

图2-67　任务二学习足迹

3. BOM表的创建方法：Reports 菜单，选择 Bill of Materials，命令
键，生成 Bill of Materials 对话框，Filt（过滤器）、Export（导出）、
Excel 格式表格，勾选 Pin 项……

思考与练习

1. 如何安装、删除原理图库、封装库。
2. 如何创建原理图文件。
3. 如何放置元器件、网络标号、导线。

2.3 任务三：PCB 板绘制

【任务描述】

在本任务中，我们学习使用 Altium Designer 绘制 PCB 板。具体内容包括 PCB 板形绘制、PCB 布局、PCB 布线、放置覆铜等操作。绘制好的 PCB 板，经过验证后可以发给生产厂家加工生产。经过焊接元器件、验证等操作后，用户就能获得实物的智能设备了。

2.3.1 创建PCB文件

Altium Designer 的 PCB 设计能力非常强，它能够支持复杂的 32 层 PCB 设计，但是在每一个设计中无须使用所有的层次。例如，项目的规模比较小时，双面走线的 PCB 板就能提供足够的走线空间,此时只需启动"Top Layer（顶层）"和"Bottom Layer（底层）"的信号层以及对应的机械层、丝印层等即可，无须再启用其他的信号层和内部电源层。

Altium Designer 的 PCB 编辑器提供了一条设计印制电路板的快捷途径，PCB 编辑器通过它的交互性编辑环境将手动设计和自动化设计完美融合。PCB 的底层数据结构最大限度地考虑了用户对速度的要求，通过对功能强大的设计法则的设置，用户可以有效地控制印制电路板的设计过程。对于特别复杂的、有特殊布线要求的、计算机难以自动完成的布线工作，用户可以选择手动布线。总之，Altium Designer 的 PCB 设计系统功能强大而方便。

我们首先了解如何创建 PCB 文件。单击"File"菜单，并依次选择"New"→"PCB"命令。软件会创建一个默认名称为"PCB1.PcbDoc"的文件;单击"File"菜单,选择"Save",设置好 PCB 文件路径及文件名称后，单击"保存"。PCB 文件路径及名称没有特殊要求，可以放在项目工程目录下，与项目同名即可。

打开创建好的 PCB 文件后，软件会进入到 PCB 编辑界面，如图 2-68 所示。PCB 编辑界面主要包括主菜单、主工具栏以及工作面板。

对于手动生成的 PCB 文件，再进行 PCB 设计之前，我们需要对一些属性进行设置，首先要进行的是 PCB 板边框线的设置。

1. 边框线的设置

电路板的物理边界即为 PCB 的实际大小和形状，板形的设置是在"Mechanical 1"层进行的。在设计中软件会根据所设计的 PCB 在产品中的位置，空间的大小、形状以及其他部件的配合来确定 PCB 的外形与尺寸，具体的设置步骤如下。

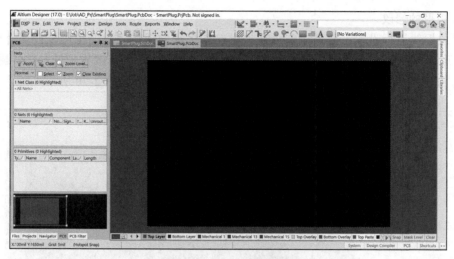

图2-68 PCB编辑界面

① 新建一个 PCB 文件，使之处于当前的工作窗口。默认的 PCB 图为带有栅格的黑色区域。

② 单击窗口下方的"Mechanical 1"标签，使该层处于当前的工作窗口中。

③ 单击"Place"菜单，选择"Line"命令，光标将变成十字形状，将光标移到工作窗口的合适位置，单击鼠标左键即可进行线的放置操作，每单击左键一次就确定一个固定点。通常板的形状被定义为矩形，但在特殊的情况下，为了满足电路的某种特殊要求，板形也可被定义为圆形、椭圆形或者不规则的多边形，这些都可以通过"Place"菜单来完成。

④ 当绘制的线组成了一个封闭的边框时，即可结束边框的绘制。单击鼠标右键或按下键盘上的"ESC"键即可退出该操作，绘制结束后的 PCB 边框如图 2-69 所示。

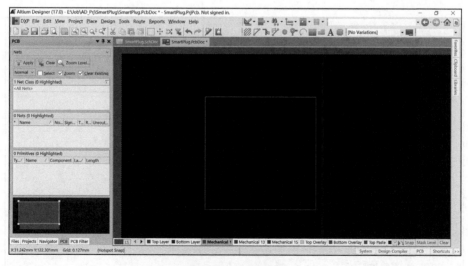

图2-69 PCB边框

2. 板形的修改

对边框线进行设置主要是给制板商提供制作板形的依据。我们也可以在设计时直接修改板形，即在工作窗口中直接看到自己所设计的板形的外观。修改板形的具体步骤如下。

① 在对板形进行修改前，需要选中之前放置的边框线，如图 2-70 所示。

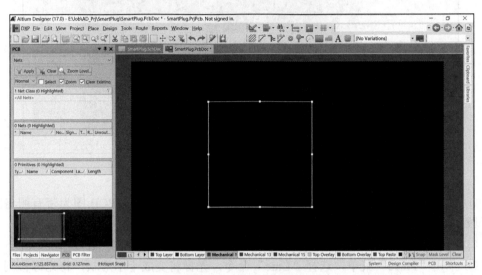

图2-70 选中边框线

② 单击"Design"菜单，并依次选择"Board Shape"→"Define form selected objects"命令，软件会自动完成板形的设置。

③ 单击"Edit"菜单，并依次选择"Origin"→"Set"命令，此时鼠标光标会变成十字形状，选择板形左下角的顶点为"原点"，单击鼠标左键设置，设置好后会退出设置状态。

④ 板形的设置完成后，界面如图 2-71 所示。

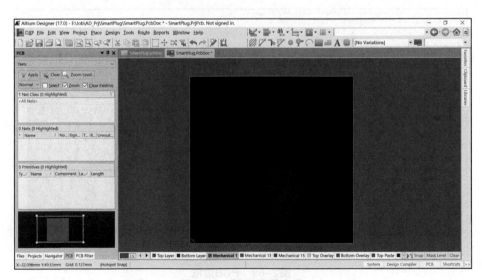

图2-71 板形设置完成

2.3.2　导入网络表格

在 PCB 板形设置完成后，我们进行网络表格导入。具体步骤如下。

① 首先打开 SmartPlug.SchDoc 文件，使之处于当前的工作窗口中。

② 单击"Design"菜单，选择"Update PCB Document SmartPlug.PcbDoc"命令，软件将对原理图和 PCB 图的网络表格进行比较并弹出一个"Engineering Change Order"对话框，如图 2-72 所示。

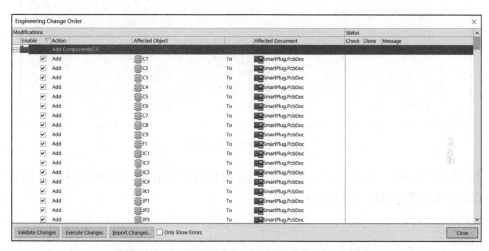

图2-72　"Engineering Change Order"对话框

③ 单击"Validate Changes"按钮，软件将扫描对话框中所有的改变，检测能否在 PCB 上执行所有的改变，随后会在每一项所对应的"检测"栏中显示一个对勾标记或叉号标记，如图 2-73 所示。其中，对勾标记表示这些改变是合法的；叉号标记表示这些改变不能被执行，需要回到之前的步骤进行修改，然后重新进行更新。

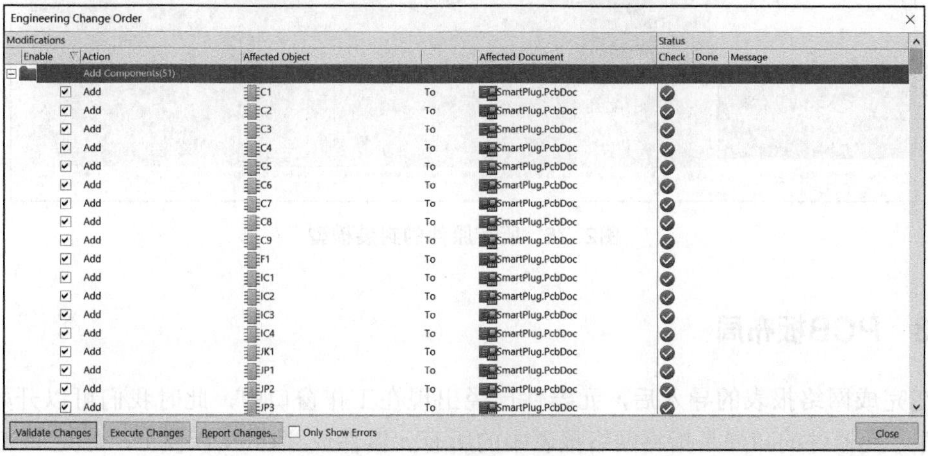

图2-73　验证工程更改

④ 在进行合法性校验后单击"Execute Changes"按钮，软件将完成网络表格的导入，同时每一项的"Done"栏中都显示对勾标记，如图 2-74 所示。

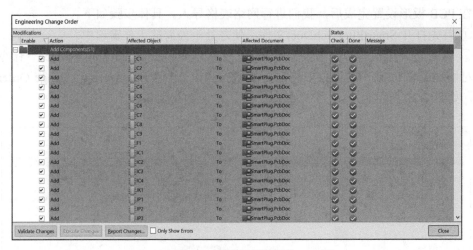

图2-74 执行工程更改

⑤ 单击"Close"按钮关闭该对话框，这时我们可以看到，PCB 图右侧出现了导入的所有原件的封装模型，如图 2-75 所示。

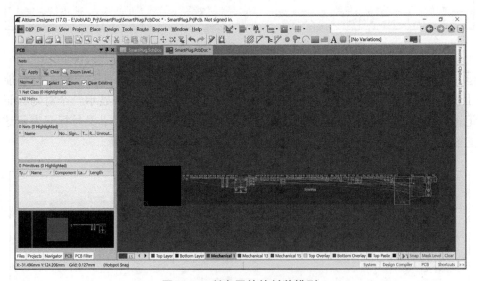

图2-75 所有原件的封装模型

2.3.3 PCB板布局

在完成网络报表的导入后，元器件已经出现在工作窗口中，此时我们可以开始布局元器件。元器件的布局是指将网络报表中的所有元器件放置在 PCB 板上，这是 PCB 设计的关键。好的布局通常是指有电气连接的元器件管脚比较靠近，这样的布局可以实现走线距离短、占用空间比较少的目标，从而使整个电路板的导线能够走通，走线的效果也将更好。

电路布局的整体要求是"整齐、美观、对称、元器件密度平均适当"，这样电路板才能实现最高的利用率，电路板的制作成本才能降低。设计者在布局时还要考虑电路的机械结构、散热、电磁干扰以及将来布线的方便性等问题。元器件的布局有自动布局和交互式布局两种方式，只靠自动布局往往达不到实际的要求，通常需要两者结合才能达到很好的效果。

元器件的手动布局是指手工设置元器件的位置。在 PCB 板上，我们可以通过对元器件的移动来完成手动布局的操作，但是单纯的手工移动不够精细，不能非常齐整地摆放好元器件。为此,PCB 编辑器提供了专门的手动布局操作，它们都在"Edit"菜单的"Align"选项的下一级菜单中，该菜单如图 2-76 所示。该菜单中包含了向左对齐、向右对齐、向上对齐、向下对齐、等间距对齐等命令，通过使用这些命令或者通过修改元器件坐标来对齐元器件，PCB 板的布局将更加美观。

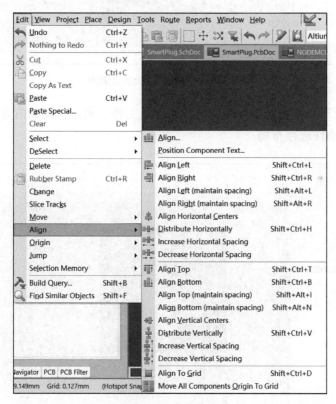

图2-76　对齐菜单

元器件的对齐操作可以使 PCB 布局更好地满足"整齐、对称"的要求。这样不但使 PCB 看起来美观，而且也有利于布线操作的进行。对元器件未对齐的 PCB 进行布线时会有很多的转折，如走线的长度较长，其占用的空间也较多，这样会降低板子的布通率，同时也会使 PCB 信号的完整性较差。

在对元器件进行布局时，我们一般先放置较大的元器件，因为大的元器件对空间要求高，且大的元器件通常有较多的引脚，连接板的多个部分或模块，因此需要被优先考虑。

如图 2-77 所示，我们应优先放置外形较大的原件，并且根据电气特性，使模拟的和数字的分开、强电和弱电元件分开。强电、弱电区域已经在图中用线区分出来。

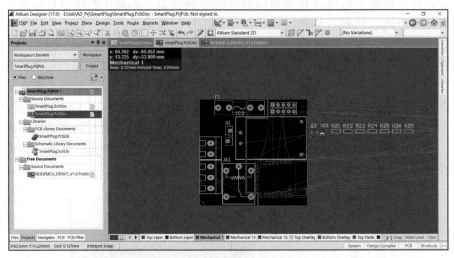

图2-77　布局外形较大的元器件

如图 2-78 所示，根据元器件在强电或者弱电工作、元器件间的信号走向，我们对剩余外形较小的元器件进行布局。

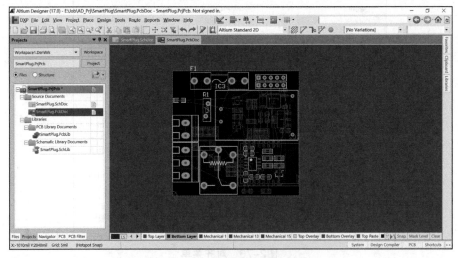

图2-78　布局外形较小的元器件

2.3.4　PCB板布线

在完成 PCB 板布局后，我们就可以进行布线操作了，需要说明的是，在布线过程中我们会根据布线情况对元器件布局进行细微调整。

　　首先我们按照顺时针或者逆时针的顺序，优先对短线进行布线，单击"Place"，并选择"Track"命令，鼠标左键单击元器件引脚或焊盘，然后根据飞线提示，拖动鼠标进行走线，在走线过程中可以按键盘上的"Tab"键对线宽等属性进行修改，或者按键盘上的"空格"键对走线角度进行调整，根据飞线提示走线到另一个元器件的引脚或焊盘，单击鼠标左键完成一条布线，如图2-79所示。

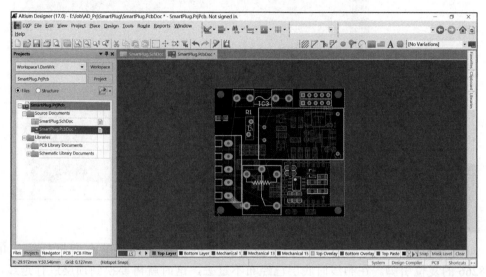

图2-79　布线

　　在布线过程中，关于线宽，我们可预估该段线路的电流，然后参考表2-2进行设置。

表2-2　PCB设计铜箔、线宽与电流关系

铜厚/35 μm		铜厚/50 μm		铜厚/70 μm	
电流（A）	线宽（mm）	电流（A）	线宽（mm）	电流（A）	线宽（mm）
4.5	2.5	5.1	2.5	6	2.5
4	2	4.3	2	5.1	2
3.2	1.5	3.5	1.5	4.2	1.5
2.7	1.2	3	1.2	3.6	1.2
2.3	1	2.6	1	3.2	1
2	0.8	2.4	0.8	2.8	0.8
1.6	0.6	1.9	0.6	2.3	0.6
1.35	0.5	1.7	0.5	2	0.5
1.1	0.4	1.35	0.4	1.7	0.4
0.8	0.3	1.1	0.3	1.3	0.3
0.55	0.2	0.7	0.2	0.9	0.2
0.2	0.15	0.5	0.15	0.7	0.15

我们按照一定顺序先对较短的线路进行布线，然后对长线路进行布线，当一条线路受到当前层的其他线路阻挡且不能绕过时，我们可通过放置过孔进行换层布线操作，如图 2-80 所示。

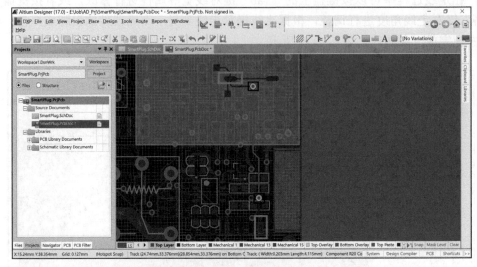

图2-80 放置过孔

如图 2-80 所示，上方方框标识出的是复位按键的引脚，下方方框标识出的是ESP8266 的复位引脚。在布线时底层已经布不过去，这时就需要换到顶层进行走线，换层是通过放置过孔来实现的。我们可通过单击"Place"菜单，选择"Via"命令来放置过孔。

在布线时，我们可以先把信号、电源布完，在布完线后，通过放置覆铜来把 GND 连接起来，图 2-81 所示为布线完成后的样子。

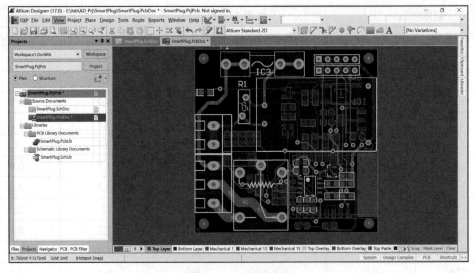

图2-81 完成布线

　　布线完成后，我们通过放置覆铜来连接 GND，首先切换到顶层，单击"Place"菜单，选择"Polygon Pour"命令，弹出"Polygon Pour"对话框，如图 2-82 所示。

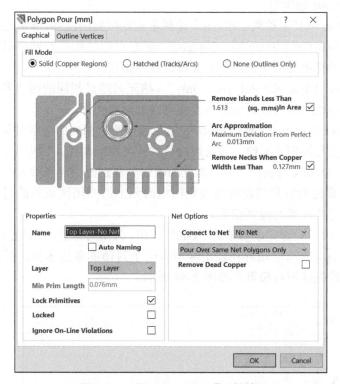

图2-82　"Polygon Pour"对话框

　　"Polygon Pour"对话框各选项组功能介绍如下。

（1）Fill Mode 选项组

　　该选项组用于选择覆铜的填充模式，包括"Solid（Copper Regions）"单选钮，即覆铜区域内为全铜敷设，"Hatched（Tracks/Arcs）"单选钮，即向覆铜区域内填入网络状的覆铜，"None（Outlines Only）"单选钮，即只保留覆铜边界，内部无填充。

　　对话框的中间区域内可以用于设置覆铜的具体参数，针对不同的填充模式，有不同的设置参数选项。

　　①"Solid(Copper Regions)"（实体）单选钮：用于设置删除孤立区域覆铜的面积限制值以及删除凹槽的宽度限制值。需要注意的是，当用该方式覆铜后，在 Protel99SE 软件中不能显示，但可以用 Hatched（Tracks/Arcs）（网络状）方式覆铜。

　　②"Hatched（Tracks/Arcs）"（网络状）单选钮：用于设置网格线的宽度、网络的大小、围绕焊盘的形状及网格的类型。

　　③"None（Outlines Only）"（无）单选钮：用于设置覆铜边界导线宽度及围绕焊盘的形状等。

（2）Properties 选项组

　　①"Layer"下拉列表框：用于设定覆铜所属的工作层。

②"Min Prim Length"文本框：用于设置最小图元的长度。

③"Lock Primitives"复选框：用于选择是否锁定覆铜。

（3）Net Options 选项组

①"Connect to Net"下拉列表框：用于选择覆铜连接到的网络，通常连接到 GND 网络。

②"Don't Pour Over Same Net Objects"（填充不超过相同的网络对象）选项：用于设置覆铜的内部填充不与同网络的图元及覆铜边界相连。

③"Pour Over Same Net Polygons Only"（填充只超过相同的网络多边形）选项：用于设置覆铜的内部填充只与覆铜边界线及同网络的焊盘相连。

④"Pour Over All Same Net Objects"（填充超过所有相同的网络对象）选项：用于设置覆铜的内部填充与覆铜边界线，并与同网络的任何图元相连，如焊盘、过孔和导线等。

⑤"Remove Dead Copper"（删除孤立的覆铜）复选框：用于设置是否删除孤立区域的覆铜。孤立区域的覆铜是指没有连接到指定网元上的封闭区域内的覆铜，若勾选该复选框，则可以将这些区域的覆铜删除。

按照图 2-83 所示设置完成后单击"OK"按钮，关闭对话框，此时光标变为十字形状，用光标沿着"Keep-Out"层边界在弱电区域画一个封闭的多边形框，单击鼠标右键选择退出，系统会在绘制区域内覆铜，如图 2-84 所示。

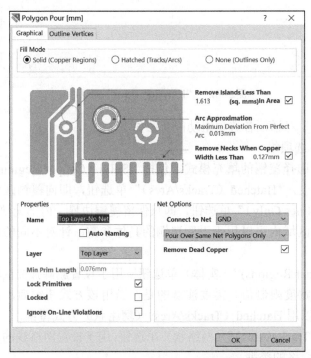

图2-83　"Polygon Pour"对话框

图 2-84 所示为对顶层覆铜后的 PCB 板，我们可以看到右侧的弱电部分已经被覆铜。把 PCB 板放大，我们可以看到 GND 已经被连接在一起，如图 2-85 所示。

按照相同的方法对在弱电区域的底层进行覆铜，完成后如图 2-86 所示。

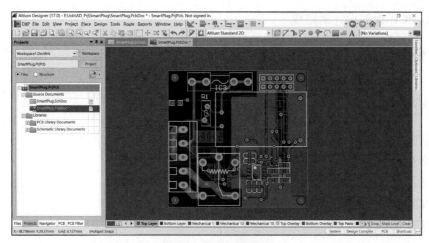

图2-84 顶层覆铜

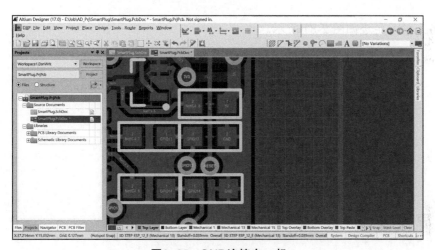

图2-85 GND连接在一起

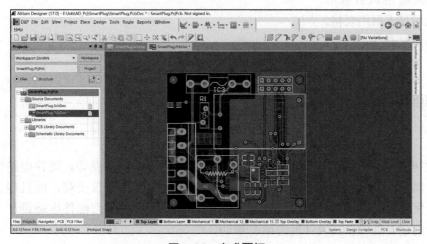

图2-86 完成覆铜

至此，PCB 板的设计就完成了。

2.3.5　任务回顾

知识点总结

1．创建 PCB 文件。
2．绘制 PCB 板形。
3．导入网络表格。
4．PCB 布局布线。
5．PCB 覆铜。

学习足迹

任务三学习足迹如图 2-87 所示。

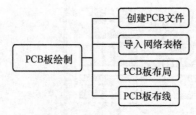

图2-87　任务三学习足迹

思考与练习

1．如何创建 PCB 文件。
2．如何绘制 PCB 板形。
3．如何导入网络表格。
4．如何对 PCB 覆铜。

2.4　项目总结

一款智能设备包含了很多部分，例如程序、硬件电路、外壳等。硬件电路作为不可或缺的一部分，在其中起着重要的作用。好的硬件电路设计不仅美观，而且能更好地实现功能、保障安全，因此学习硬件电路设计是尤为重要的。学习硬件电路设计对于提高 PCB 设计的学习能力以及设计能力很有帮助。

项目总结如图 2-88 所示。

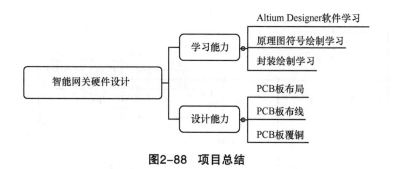

图2-88　项目总结

2.5　拓展训练

自主实践：MQ-X 系列传感器模块硬件设计

MQ-X 系列传感器是基于 QM-NG1 探头的气体传感器，QM-NG1 是采用目前国际上工艺最成熟、生产规模最大的 Sn02 材料作为敏感基体制作的广谱性气体传感器。其最大特点是对各种可燃性气体（如氢气、液化石油气、一氧化碳、烷烃类等气体）以及酒精、乙醚、烟雾等有害气体具有高度的敏感性。目前 MQ-X 系列传感器被广泛应用于家用气体泄漏报警器、工业用可燃气体报警器以及便携式气体检测仪器等。MQ-X 系列传感器包括以下几种。

（1）MQ-2 检测气体：液化气、丙烷、氢气

这种传感器可检测多种可燃性气体。它对液化气、丙烷、氢气的灵敏度高，对天然气和其他可燃蒸气的检测也很理想。

（2）MQ-3 检测气体：酒精

这种传感器可检测多种浓度酒精气体。它对酒精的灵敏度高，可以抵抗汽油、烟雾、水蒸汽的干扰。

（3）MQ-5 检测气体：丁烷、丙烷、甲烷

这种传感器可检测多种可燃性气体，特别是天然气。它对丁烷、丙烷、甲烷的灵敏度高，可较好地兼顾甲烷和丙烷。

◆ 要求

根据图 2-89 所示的原理图，设计 MQ-X 系列传感器模块。参考设计如图 2-90 和图 2-91 所示。

开发内容需包含以下几点。

① 绘制 MQ-X 系列传感器模块所用的元器件的原理图符号。

② 绘制 MQ-X 系列传感器模块所用的元器件的封装。

③ 绘制 MQ-X 系列传感器模块原理图。

④ 绘制 MQ-X 系列传感器模块 PCB 图。

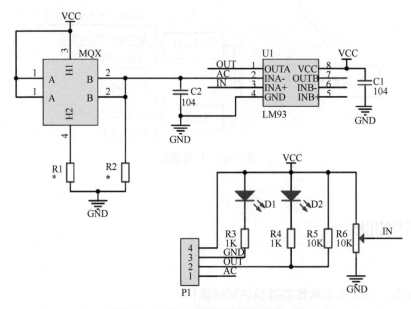

图2-89 MQ-X系列传感器模块原理图

图2-90 MQ-X系列传感器模块正面

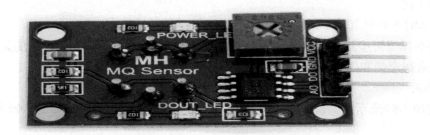

图2-91 MQ-X系列传感器模块反面

◆ **格式要求**：使用 Altium Designer 进行硬件设计。

◆ **考核方式**：独立进行硬件设计，以图片形式展示设计结果。

◆ **评估标准**：见表 2-3。

表2-3　拓展训练评估表

项目名称： MQ-X系列传感器模块硬件设计	项目承接人： 姓名：	日期：
项目要求	**评分标准**	**得分情况**
绘制元器件原理图符号（20分）	① 绘制MQ-X传感器原理图符号（10分）； ② 绘制LM393芯片原理图符号（10分）	
绘制元器件封装（20分）	① 绘制MQ-X传感器封装（10分）； ② 绘制LM393芯片封装（10分）	
绘制原理图（30分）	① 放置元器件（5分）； ② 正确放置导线（10分）； ③ 正确放置网络标号（7分）； ④ 正确设置元器件标号（8分）	
绘制PCB图（30分）	① 正确导入网络表格（8分）； ② 对元器件进行合理布局（7分）； ③ 正确布线（10分）； ④ 适当放置覆铜（5分）	
评 价 人	**评 价 说 明**	**备 注**
个 人		
老 师		

项目 3

智能网关程序设计开发

项目引入

经过这些天的努力，PCB 板的设计终于完成了。之后我们要开始进行智能硬件的程序设计了。

> Henry：硬件电路我都设计完了，电子元器件也进行了贴片焊接，接下来是要开始编写智能网关的程序了吗？
>
> Serge：没错，对于智能网关，我们采用的模块是 ESP8266，因为其成本低、功耗低、集成度高，所以非常适合作为智能网关的核心处理器。此外，智能网关会搭载一个 XBee 模块来构建智能硬件传感网络。你可以先了解 ESP8266 和 XBee，然后就开始智能网关的程序设计吧，这项工作对你来说会有一定的挑战，加油！
>
> Henry：嗯，好的。

对于 ESP8266 的 SDK 二次开发我还不太熟悉，不过我相信自己能够快速掌握它的 API 设计。下面我们就开始智能网关的设计开发吧！

知识图谱

项目 3 知识图谱如图 3-1 所示。

3.1 任务一：ESP8266 网关开发环境搭建

【任务描述】

在本任务中，大家会学到 ESP8266 开发环境的搭建，我们需要掌握一体化开发环境

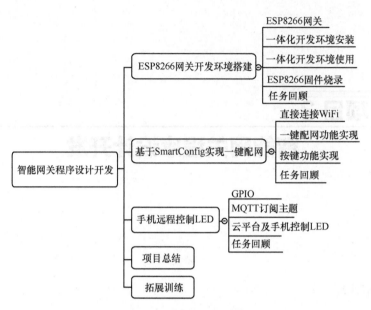

图3-1 项目3知识图谱

的安装、一体化开发环境的使用以及 ESP 系列模组的固件烧录；大家掌握了这些，就可以进行简单的 ESP8266 网关开发了，接下来，我们一起学习吧。

3.1.1 ESP8266网关

ESP8266 网关是由 NodeMcu、ESP12x、ESP8266 芯片组成的。NodeMcu 是一个开源的 WiFi 开发平台，如图 3-2 所示。

图3-2 NodeMcu

该平台是基于 ESP-12x 模块构建的，根据版本以及生产厂商的不同，ESP-12x 可能是 ESP-12、ESP-12E、ESP-12F 或者 ESP-12N 模块。

图 3-3 所示就是 ESP-12E 模块，该模块是基于 ESP8266 芯片开发的。

WiFi 模块厂商基于 ESP8266 芯片生产 ESP-12E 模块，开发板厂商基于 ESP-12E 模块生产 NodeMcu 开发平台。

接下来我们就依次了解下 ESP-12E 模块（包含 ESP8266 芯片）和 NodeMcu 开发平台。

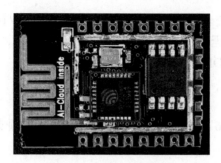

图3-3　ESP-12E模块

1. ESP-12E 模块

ESP-12E WiFi 模块是由安信可科技有限公司开发的，该模块核心处理器 ESP8266 在较小尺寸封装中集成了业界领先的 Tensilica L106 超低功耗 32 位微型 MCU，其带有 16 位精简模式，主频支持 80 MHz 和 160 MHz，支持 RTOS，集成 WiFi MAC/ BB/RF/PA/ LNA，板载天线。该模块支持标准的 IEEE802.11 b/g/n 协议以及完整的 TCP/IP 协议栈。

用户可以使用该模块为现有的设备添加联网功能，也可以构建独立的网络控制。ESP8266 是高性能无线 SOC，以最低成本提供最大实用性，为 WiFi 功能嵌入其他系统提供无限可能。

ESP8266EX 是一个完整且自成体系的 WiFi 网络解决方案，它能够独立运行，也可以作为从机搭载于其他主机 MCU 运行。ESP8266EX 在搭载应用并作为设备中唯一的应用处理器时，能够直接从外接闪存中启动。内置的高速缓冲存储器有利于提高系统性能，并可减少内存需求，其结构如图 3-4 所示。

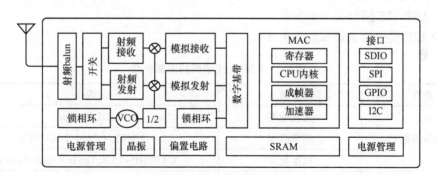

图3-4　ESP8266EX结构

另外一种情况是，ESP8266EX 负责无线上网接入承担 WiFi 适配器的任务时，可以将其添加到任何基于微控制器的设计中，连接简单，只需通过 SPI /SDIO 接口或 I2C/ UART 接口即可。

ESP8266EX 强大的片上处理和存储能力，使其可通过 GPIO 接口集成传感器及其他应用的特定设备，以实现最低的前期的开发投入和最少的运行系统资源占用。

ESP8266EX 高度片内集成，包括天线开关 balun、电源管理转换器，因此仅需极少的外部电路，且包括前端模组在内的整个解决方案在设计时可将所占 PCB 空间降到最低。

有 ESP8266EX 的系统表现出来的领先特征有：在睡眠 / 唤醒模式之间的快速切换、配合低功率操作的自适应无线电偏置、前端信号的处理功能、故障排除和无线电系统共存特性、消除蜂窝 / 蓝牙 /DDR/LVDS/LCD 干扰。

（1）ESP8266EX 特点

① 802.11 b/g/n；

② 内置 Tensilica L106 超低功耗 32 位微型 MCU，主频支持 80 MHz 和 160 MHz，支持 RTOS；

③ 内置 10 bit 高精度 ADC；

④ 内置 TCP/IP 协议栈；

⑤ 内置 TR 开关、balun、LNA、功率放大器和匹配网络；

⑥ 内置 PLL、稳压器和电源管理组件，802.11b 模式下 +20 dBm 的输出功率；

⑦ A-MPDU、A-MSDU 的聚合和 0.4 s 的保护间隔；

⑧ WiFi @ 2.4 GHz，支持 WPA/WPA2 安全模式；

⑨ 支持 AT 远程升级及云端 OTA 升级；

⑩ 支持 STA/AP/STA+AP 工作模式；

⑪ 支持 Smart Config 功能（包括 Android 和 iOS 设备）；

⑫ HSPI、UART、I2C、I2S、IR Remote Control、PWM、GPIO；

⑬ 深度睡眠保持电流为 10 μA，关闭电流小于 5 μA；

⑭ 2 ms 之内唤醒、连接并传递数据包；

⑮ 待机状态消耗功率小于 1.0 mW（DTIM3）；

⑯ 工作温度范围：–40℃ ~125℃。

（2）ESP-12E 模组的主要参数

ESP-12E 模组的主要参数见表 3-1。

表3–1　ESP-12E模组的主要参数

类别	参数	说是
无线参数	无线标准	802.11 b/g/n
	频率范围	2.4~2.5GHz（2400~2483.5MHz）
	数据接口	UART/HSPI/I2C/I2S/Ir Remote Contorl
硬件参数	工作电压	GPIO/PWM
		3.0~3.6V（建议3.3V）
	工作电流	平均值：80mA
	工作温度	–40℃~125℃
	存储温度	常温
	封装大小	16mm × 24mm × 3mm
	外部接口	N/A
	无线网络模式	station/softAP/SoftAP+station

（续表）

类别	参数	说是
软件参数	安全机制	WPA/WPA2
	加密类型	WEP/TKIP/AES
	升级固件	本地串口烧录/云端升级/主机下载烧录
	软件开发	支持客户自定义服务器；提供SDK给客户二次开发
	网络协议	IPv4、ICP/UDP/HTTP/FTP
	用户设置	AT+指令集、云端服务器、Android/iOS App

（3）ESP-12E 接口定义

ESP-12E 共接出 22 个接口，如图 3-5 所示。

序号	pin脚名称	功能说明
1	RST	复位模组
2	ADC	A/D转换结果。输入电压范围：0~1V，取值范围：0~1024
3	EN	芯片使能端，高电平有效
4	IO16	GPIO16、接到RST管脚时可用作deep sleep的唤醒
5	IO14	GPIO14、HSPI_CLK
6	IO12	GPIO12、HSPI_MISO
7	IO13	GPIO13、HSPI_MISO、UARTO_CTS
8	VCC	3.3V供电
9	CS0	片选
10	MISO	从机输出主机输入

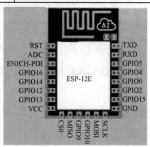

11	IO9	GPIO9
12	IO10	GBIO10
13	MOSI	主机输出从机输入
14	SCLK	时钟
15	GND	GND
16	IO15	GPIO15、MTDO、HSPICS、UARTO_RT5
17	IO2	GPIO2、UART1_TXD
18	IO0	GPIO0
19	IO4	GPIO4
20	IO5	GPIO5
21	RXD	UART0_RXD、GPIO3
22	TXD	UARTO_TXD、GPIO1

图3-5 管脚功能定义

（4）功能描述

ESP8266EX 内置 Tensilica L106 超低功耗 32 位微型 MCU，带有 16 位精简模式，主频支持 80MHz 和 160MHz，支持 RTOS。目前 WiFi 协议栈只用了 20% 的 MIPS，其他的都可以用来进行应用开发。MCU 可通过以下接口和芯片其他部分协同工作：

① 连接存储控制器，也可以用来访问外接闪存的编码 RAM/ROM 接口（iBus）；

② 同样连接存储控制器的数据 RAM 接口（dBus）；

③ 访问寄存器的 AHB 接口。

（5）内存描述

ESP8266EX 芯片本身内置了存储控制器，包含 ROM 和 SRAM。MCU 可以通过 iBus、dBus 和 AHB 接口访问存储控制器。这些接口都可以访问 ROM 或 RAM 单元，存储仲裁器以到达确定运行顺序。基于目前我司的 Demo SDK 使用的 SRAM 情况，用户可用剩余 SRAM 空间为：RAM size < 36kB（station 模式下，连接路由后，heap+data 区大致可用 36kB 左右）。

（6）用户程序存放在 SPI Flash 中

目前 ESP8266EX 芯片上没有 programmable ROM，ESP8266EX 芯片支持使用 SPI 的外置 Flash，理论上最大可支持到 16 MB 的 SPI Flash。目前该模组外接的是 4MB 的 SPI Flash。建议 Flash 容量为 1~16MB。

支持的 SPI 模式包括：Standard SPI、Dual SPI、DIO SPI、QIO SPI 以及 Quad SPI。注意，在下载固件时需要在下载工具中选择对应模式，否则下载后程序将无法正确地运行。

（7）目前支持晶体 40MHz、26MHz 及 24MHz

晶振输入输出所加的对地调节电容 C1、C2 可不设为固定值，该值范围在 6~22pF，具体值需要通过对系统测试后进行确定。基于目前市场中主流晶振的情况，一般 26MHz 晶振的输入输出所加电容 C1、C2 在 10pF 以内。一般 40MHz 晶振的输入输出所加电容为 10pF<C1、C2<22pF，在下载工具中应选择对应晶体类型。

（8）晶振选择

选用的晶振自身精度需在 $\pm 10 \times 10^{-6}$。晶振的工作温度为 $-20℃ \sim 85℃$。晶振位置应尽量靠近芯片的 XTAL Pins（走线不要太长），同时晶振走线须用地包起来以实现良好屏蔽。

晶振的输入输出走线不能打孔走线，即不能跨层。晶振的输入输出走线不能交叉，跨层交叉也不行。晶振的输入输出的 bypass 电容应靠近芯片左右两侧摆放，尽量不要放在走线上。晶振下方 4 层都不能走高频数字信号，晶振下方最好不走任何信号线，晶振顶层的普通区域越大越好。晶振为敏感器件，周围不能有磁感应器件，比如大电感等。

（9）接口说明

接口说明如图 3-6 所示。

2. NodeMcu

NodeMcu 是基于乐鑫 ESP8266 的 NodeMcu 开发板，具有 GPIO、PWM、I2C、1-Wire、ADC 等功能，结合 NodeMcu 固件为原型开发提供快速途径的平台。

NodeMcu 是简单的物联网开发平台，也是一款开源快速硬件平台，包括固件和开发板，通过几行简单的 Lua 脚本就能开发物联网应用。

接口名称	管脚	功能说明
HSPI	IO12（MISO）、 IO13（MOSI）、IO14（CLK）、 IO15（CS）	可外接4SPI Flash、显示屏和MCU等
PWM接口	IO12（R）、IO15（G）、IO13（B）	demo中提供4路PWM（用户可自行扩展至8路），可用来控制 彩灯、蜂鸣器、继电器及电机等
IR接口	IO14（IR_T）、IO15（IR_R）	IR Remote ControI4接口由软件实现，接口使用NEC编码及调制 解调，采用38kHz的调制载波
ADC接口	TOUT	可用于检测VDD3P3（Pin3、Pin4）电源电压和YOUT（Pin6）的输入 电压（二者不可同时使用）。可用于传感器等应用
I2C接口	IO14（SCL）、IO12（SDA）	可外接传感器及显示屏等； 可外接UART接口的设备
UART接口	UART0：TXD（U0TXD）、 RXD（U0RXD）、IO15（RTS）、 IO13（CTS） UART1：IO2（TXD）	下载：U0TXD+U0RXD或者GPIO2+U0RXD； 通信（UART0）：U0TXD、U0RXD、MTDO（U0RTS）、 MTCK（U0CTS）Debug：UART1_TXD（GPIO2）可作为Debug信息 打印； UART0在ESP8266EX上默认会输出一些打印信息。对此敏感的 应用，我们可以使用UART的内部引脚交换功能，在初始化的时候， 将U0TXD、U0RXD分别与U0RTS、U0CTS交换。硬件上将MTDO MTCK连接到对应的外部MCU的串口进行通信

图3-6　接口说明

NodeMcu 具有开源、交互式、可编程、低成本、简单、智能、可连接 WiFi 硬件等特点。

NodeMcu 是像 Arduino 一样操作的硬件 IO。其提供硬件的高级接口，可以将应用开发者从繁复的硬件配置、寄存器操作中解放出来。NodeMcu 采用交互式 Lua 脚本，像 Arduino 一样可编写硬件代码。

NodeMcu 是用 Nodejs 类似语法编写网络应用。事件驱动型 API 极大地方便了用户进行网络应用开发，用户可使用类似 Nodejs 的方式编写网络代码，代码可运行于 5mm×5mm 大小的 MCU 之上，加快物联网开发进度。

NodeMcu 是用于快速原型的开发板，集成了 ESP8266 芯片，提供了性价比更高的物联网应用开发平台。

对于硬件 ESP8266 网关的介绍就到此，我们需要获取软件开发工具包，简称"SDK"，这里我们选用的是 ESP8266 NONOS SDK。接下来，我们开始下载 ESP8266 NONOS SDK。

3. 下载 ESP8266 NONOS SDK

① 首先我们搜索"乐鑫"。

② 选择左下方产品→ ESP8266/ESP8285 芯片，如图 3-7 所示。

③ 选择资源→ SDK 和演示→ ESP8266 NONOS SDK V2.1.0 20170505，如图 3-8 所示。然后，我们单击"下载"按钮。

图3-7　选择ESP8266/ESP8285芯片

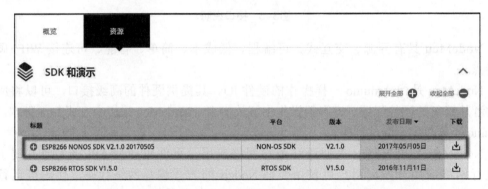

图3-8　选择ESP8266 NONOS SDK V2.1.0 20170505

此时，SDK下载成功。

3.1.2　一体化开发环境安装

　　ESP8266官方发布的SDK是基于Linux操作系统的开发工具包，需要具有一定的Linux基础。为了方便开发，安信可（ESP8266模块厂家）推出了ESP系列一体化开发环境，该开发环境是基于Windows + Cygwin + Eclipse + GCC的综合IDE环境，有效降低了开发的难度，简化了Windows操作系统下开发环境的设置，很适合初学者。本任务的目的是学习一体化开发环境的安装并使用ESP系列模组的固件烧录。

　　一体化开发环境有以下特点：

① 支持 ESP31B/ESP32 FreeRTOS 版本 SDK ；

② 下载即用，无需另外配置环境 ；

③ 可直接编译所有乐鑫官方推出的 SDK 开发包 ；

④ 支持 ESP8266 NONOS 和 FreeRTOS 版本 SDK。

Aithinker IDE_V0.5_Setup.exe 文件是使用 7z 自解压程序打包的，是后缀名为 exe 的压缩包，下载后我们双击压缩包使其运行，然后设置开发环境的目录，我们也可以使用默认安装路径，如图 3-9 所示。

我们还可以自定义安装路径，如图 3-10 所示。

图3-9　开发环境默认安装路径

图3-10　开发环境自定义安装路径

注意：集成环境中的 Cygwin 不支持中文路径也不允许路径中存在空格。图 3-10 中 Program Files 两个单词间存在一个空格，对于 Cygwin 来说属于非法路径，需要删除空格，因此建议使用默认路径，即盘符的根目录。

配置一体化开发环境

安装完成后，安装路径下会有 AiThinker_IDE 和 Config Tool 这两个程序，单击鼠标右键以管理员的权限运行 Config Tool 来配置相关程序的路径，默认情况下单击"Dafault"即可自动识别，如果不能自动识别，则按如下步骤手动添加。

程序路径配置如图 3-11 所示，我们要选择之前放置的 Eclipse 位置和 Cygwin 位置。

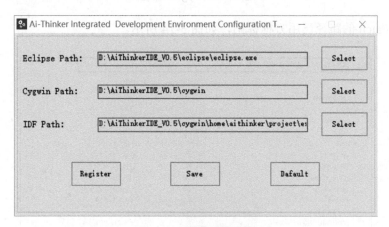

图3-11　程序路径配置

其中 Eclipse 文件夹的位置为 eclipse.exe 所在的目录，已用方框标出，如图 3-12 所示。

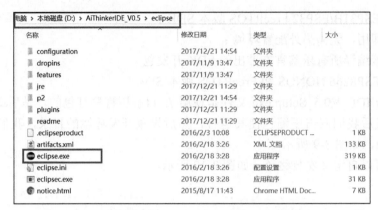

图3-12 eclipse.exe路径

Cygwin 文件夹的位置为 bin 文件夹所在的目录，已用方框标出，如图 3-13 所示。

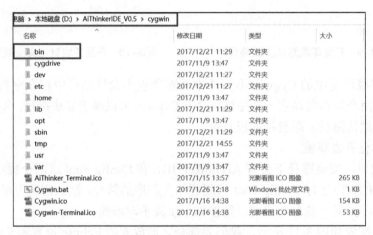

图3-13 Cygwin路径

IDF Patch 的路径已用方框标出，如图 3-14 所示。

电脑 › 本地磁盘 (D:) › AiThinkerIDE_V0.5 › cygwin › home › aithinker › project › esp-idf

名称	修改日期	类型	大小
components	2017/11/9 13:47	文件夹	
docs	2017/12/21 11:27	文件夹	
examples	2017/12/21 11:27	文件夹	
make	2017/12/21 11:27	文件夹	
tools	2017/12/21 11:27	文件夹	
.cproject	2017/4/10 21:20	CPROJECT 文件	5 KB
.gitignore	2017/4/7 11:46	GITIGNORE 文件	1 KB
.gitlab-ci.yml	2017/4/7 11:46	YML 文件	18 KB
.gitmodules	2017/4/7 11:46	GITMODULES 文件	1 KB
.project	2017/4/10 8:48	PROJECT 文件	1 KB
add_path.sh	2017/4/7 11:46	SH 文件	1 KB
CONTRIBUTING.rst	2017/4/7 11:46	RST 文件	3 KB
Kconfig	2017/4/7 11:46	文件	2 KB
LICENSE	2017/4/7 11:46	文件	12 KB
README.md	2017/4/7 11:46	MD 文件	6 KB

图3-14 IDF Patch路径

若配置无误，则单击"save"进行保存。如图 3-15 所示，启动 Eclipse，首次使用 Eclipse 时会提示选择一个目录作为工作空间，之后我们就可以使用 Eclipse 进行程序开发。

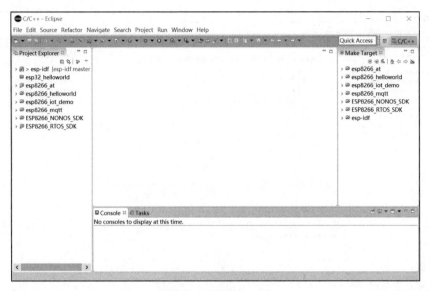

图3-15　启动Eclipse

3.1.3　一体化开发环境使用

接下来我们使用 3.1.2 小节中安装完成的软件进行智能程序的开发，具体流程如下。

① 选择"File"→"Import"。

导入工程如图 3-16 所示。

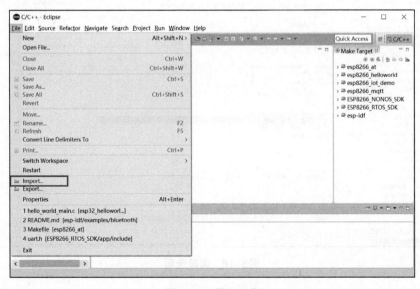

图3-16　导入工程

② 点开 C/C++ 分支，并选中"Existing Code as Makefile Project"。
导入选项如图 3-17 所示。

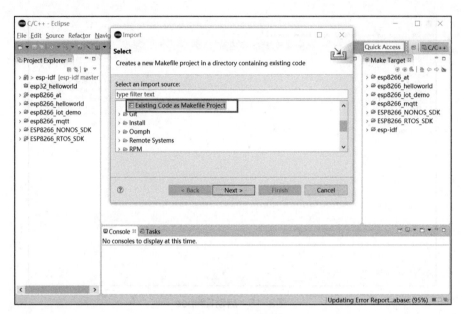

图3-17　导入选项

③ 删除 C++ 支持，选中 Cygwin GCC，单击"Browser"。
编译选项如图 3-18 所示。

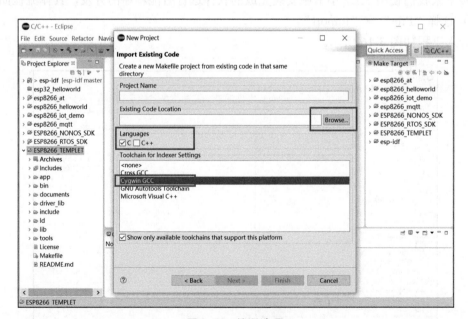

图3-18　编译选项

④ 选中 ESP8266_TEMPLET 所在的目录，如图 3-19 所示。

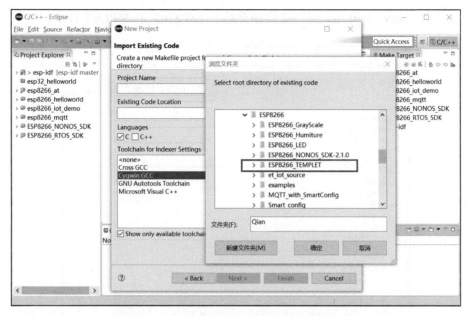

图3-19 选中ESP8266_TEMPLET所在的目录

⑤ 单击"Finish"完成 ESP8266_TEMPLET 的导入，如图 3-20 所示。

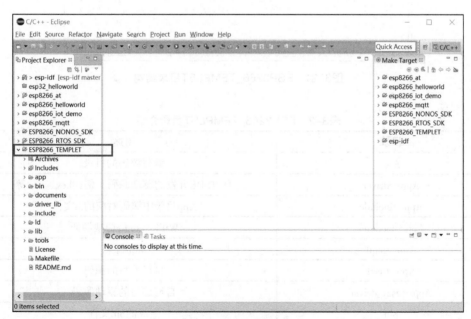

图3-20 导入工程完成

ESP8266_TEMPLET 是基于 ESP8266 官方 SDK 修改的 ESP8266 开发模板，省去了复杂的修改及配置，可以达到快速开发的目的。

图 3-21 所示的是 ESP8266_TEMPLET 的目录结构。Archives 和 Includes 是由 Eclipse 生成的。App 目录是编写源码的目录，App 目录下的 driver 目录存放了官方 SDK 开发的

驱动源码，例如 key、uart 等。表 3-2 详细介绍了 ESP8266_TEMPLET 目录。

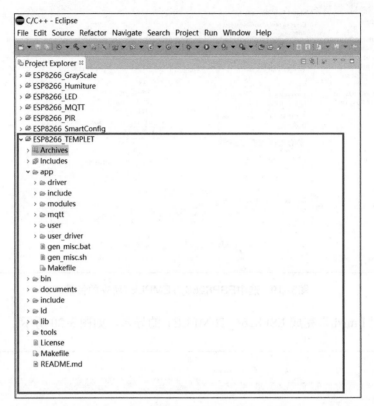

图3-21　ESP8266_TEMPLET目录结构

表3-2　ESP8266_TEMPLET目录介绍

目录	用途
App	编写源码的目录
App→driver	官方SDK开发的驱动源码，例如key、uart等
App→include	App目录中源码对应的.h文件
App→modules	WiFi、config模块源码
App→mqtt	Mqtt源码
App→user	自行编写的源码
App→user_driver	自行编写的驱动源码
bin	生成的bin文件
documents	文档
includes	引用到的官方SDK的.h文件
ld	Makefile用到的链接文件
lib	官方不开源的源码编译成了.lib形式
tools	Makefile用到的工具

程序的入口是 App → user 目录下的 user_main.c 文件。

⑥ 如图 3-22 所示，编译项目，鼠标选中项目名称，单击鼠标右键出现菜单。

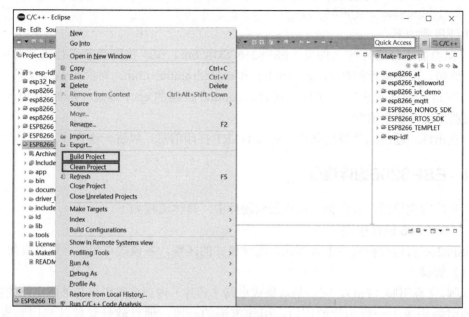

图3-22 编译项目

Build Project：编译项目。

Clean Project：清理项目。

选中项目进行编译，控制台输出如图 3-23 所示内容即编译完成。注意：Build Project 前最好先 Clean Project，以防止出错。

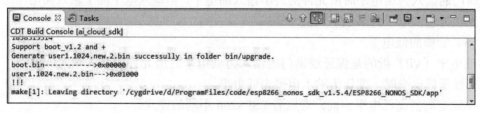

图3-23 编译完成

⑦ 常用的调试方法有以下两种。

a. 添加 UART 打印。

对于 ESP8266_NONOS_SDK，示例代码如下：

【代码 3-1】 打印 ESP8266_NONOS_SDK 版本号

```
os_printf( "SDK version:%s\n",system_get_sdk_version());
```

b. Fatal 查证方法。

如果运行过程中出现 fatal exception 打印信息，则 ESP8266 异常重启，代码如下：

【代码 3-2】 fatal exception 错误信息

【代码 3-2】 fatal exception 错误信息

```
fatal exception(28);
    epc1=0x4025bfa6,epc2=0x00000000,epc3=0x00000000,excvaddr=0x00
00000f,depc=0x00000000
```

查证步骤如下。

• 在当前运行固件的文件夹（ESP8266_SDK/bin）中，找到当前运行固件对应的 .s 文件。例如，烧录运行的是 eagle.flash.bin 和 eagle.irom0text.bin，对应 eagle.s 文件。

• 在运行固件对应的 .s 文件中搜索 exception 报错的 epc1 地址（形如 0x40xxxxx），定位问题出现在哪个函数。

• 在出现问题的函数调用前后，添加 UART 打印信息，以进一步查证。

3.1.4 ESP8266固件烧录

程序编写完毕后，我们把程序烧录到硬件中，具体流程如下。

1. ESP8266 硬件连接

ESP8266 有运行模式、下载模式、测试模式的区别，各模式与相关管脚对应如下。

（1）管脚

管脚，又称引脚（Pin）。它就是从集成电路（芯片）内部电路引出与外围电路的接线，所有的引脚构成了一块芯片的接口。引线末端的一段，通过软钎焊使其与印制板上的焊盘共同形成焊点。引脚可划分为脚跟、脚趾、脚侧等部分，所以表 3-3 中的 GPIO15、GPIO、TXD0（引脚 IO 口待改）分别是 ESP8266 智能板上边暴露的引脚，如图 3-24 所示，白色标识着不同的引脚。

（2）管脚的高电平

高电平指的是与低电平相对的高电压，是电工程上的一种说法。在逻辑电平中，保证逻辑门的输入为高电平时所允许的最小输入高电平，当输入电平高于输入高电压（Vih）时，则认为输入电平为高电平。

（3）管脚的低电平

低电平（Vil）指的是保证逻辑门的输入为低电平时所允许的最大输入低电平，当输入电平低于低电平时，则认为输入电平为低电平。

不同管脚的高低电平不同，对应着 ESP8266 不同的模式。

UART 下载模式：将程序下载到硬件 NodeMcu 开发平台上。

Flash 运行模式：使用串口助手运行程序。

Chip 测试模式：对下载的程序进行测试。

ESP8266 具体运行模式见表 3-3。

表3-3　ESP8266运行模式

模式	GPIO15	GPIO	TXD0
UART 下载模式	低	高	高
Flash 运行模式	低	高	高
Chip 测试模式	—	—	低

模块在通电前，我们按照表 3-3 所示，配置相关管脚电平，即可进入相应模式。实验中用的是 ESP8266 的开发板 NodeMCU，该开发板的相关电平状态已经由硬件电路进行处理，不再需要手动干预。切记，电平不需要手动配置并不是没有进行配置，而是由开发板自行处理了，此时，我们只需了解怎样配置管脚电平进入相应模式即可。本实验只需按照图 3-24 所示将 micro usb 线插入模块，另一端插到电脑的 USB 口即可。

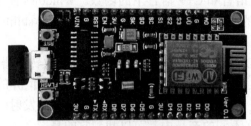

图3-24 ESP8266模块实物

2. ESP8266 引脚类型

ESP8266 不同的引脚有不同的作用，根据功能不同，具有以下 11 种类型。

（1）5V POWER

5V POWER 表示需要给该引脚提供 5V 电源，一般通过 USB 供电的均是 5V 电压。

（2）3.3V

ESP8266 模块在接传感器时，传感器大部分需要提供 3.3V 电压才能正常运行，所以 ESP8266 模块通过 USB 输入 5V 电压后，可提供 3.3V 电压的引脚供传感器使用。

（3）GROUND

GROUND 表示模块接地。

（4）GPIO

General Purpose Input Output（通用输入 / 输出）简称为 GPIO 或总线扩展器。人们利用工业标准 I2C、SMBus 或 SPI 简化了 I/O 端口的扩展。当微控制器或芯片组没有足够的 I/O 端口时，或当系统需要采用远端串行通信或控制时，GPIO 产品能够提供额外的控制和监视功能。

（5）SDIO

SDIO（Secure Digital Input and Output，安全数字输入 / 输出卡）定义了一种外设接口。

（6）UART

UART（Universal Asynchronous Receiver/Transmitter，通用异步收发传输器）是电脑硬件的一部分。它将要传输的资料在串行通信与并行通信之间加以转换。作为把并行输入信号转换成串行输出信号的芯片，UART 通常被集成于其他通信接口的连接上。

UART 的具体实物表现为独立的模块化芯片，或集成于微处理器中的周边设备。它一般是 RS-232C 规格的，与类似 Maxim 的 MAX232 之类的标准信号幅度变换芯片进行搭配，作为连接外部设备的接口。UART 上追加同步方式的序列信号变换电路的产品被称为 USART（Universal Synchronous/Asynchronous Receiver/Transmitter，通用同步 / 异步收发器）。

（7）HSPI/SPI

HSPI 则用于用户 SPI 设备的通信操作。

（8）KEY

KEY 指的是 ESP8266 的按键。

（9）SYSTEM

SYSTEM 是一个 C 语言和 C++ 语言下的函数。Windows 操作系统下 system () 函数详解主要是在 C 语言中的应用，SYSTEM 函数在加头文件 <stdlib.h> 后方可调用。

（10）ADC

ADC 是 Analog-to-Digital Converter 的缩写，指模 / 数转换器或模数转换器。它是将连续变化的模拟信号转换为离散的数字信号的器件。真实世界的模拟信号，例如温度、压力、声音或者图像等，需要被转换成更容易储存、处理和发射的数字形式。模 / 数转换器可以实现这个功能，在不同的产品中都可以找到它的身影。

（11）RESERVED

RESERVED 通常用于分析操作系统。它能够工作是因为在一些系统中"0"是无效端口，当你试图使用通常的闭合端口连接它时，将会产生不同的结果。

以上所述的引脚类型在 ESP8266 模块中的分布如图 3-25 所示。

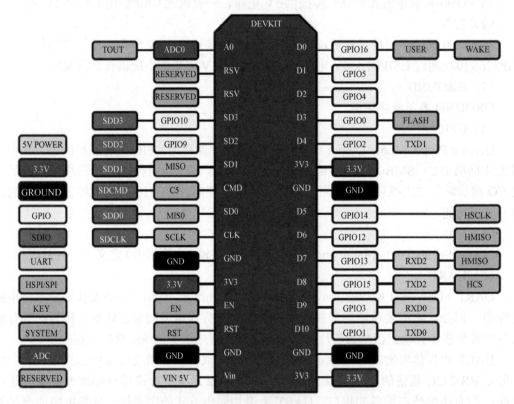

D0（GPIO16）can only be used as gpio read/write，no interrupt supported，no pwm/i2c/ow supported.

图3-25　ESP8266引脚类型

3. ESP8266 Flash 地址配置

烧录时的配置选项与编译时的配置是相关的，编译 SDK 前，我们需要根据硬件信息进行编译配置，配置不同，烧录的地址和需要的文件也不同。

ESP8266 按照烧录文件的不同分为两种情况：支持云端升级和不支持云端升级。当前，我们只考虑不支持云端升级的情况。

最后，根据 Flash 容量的不同，我们还要对 bin 文件烧录的地址进行调整，详细如图 3-26 所示。

bin	各个Flash容量对应的下载地址					
	512	1024	2048	4096	8192	16×1024
blank.bin	0x7B000	0xFB000	0x1FB000	0x3FB000	0x7FB000	0xFFB000
esp_init_data_default.bin	0x7C000	0xFC000	0x1FC000	0x3FC000	0x7FC000	0xFFC000
blank.bin	0x7E000	0xFE000	0x1FE000	0x3FE000	0x7FE000	0xFFE000
eagle.flash.bin	0x00000					
eagle.irom0text.bin	0x10000					

图3-26　Flash容量对应bin文件下载地址

图 3-26 不支持云端升级的情况，其中 blank.bin 和 esp_init_data_default.bin 是 SDK 自带的，eagle.irom0text.bin 和 eagle.flash.bin 由编译程序产生。

图 3-27 所示为编译所需的配置选项，其含义信息见表 3-4。

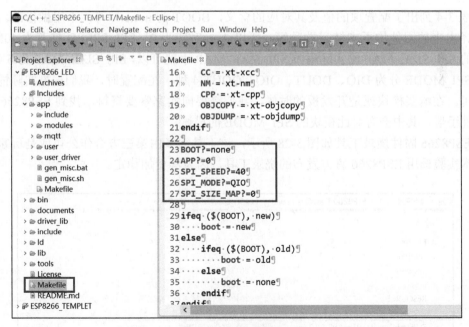

图3-27　编译配置选项

表3-4　编译配置各项取值及含义

配置项	值	含义
BOOT	none	为none即可，不用做修改
App	0	生成eagle.irom0text.bin + eagle.flash.bin
	1	生成user1.bin
	2	生成user2.bin
SPI_SPEED	20	SPI速度为20MHz
	26.7	SPI速度为26.7MHz
	40	SPI速度为40MHz
	80	SPI速度为80MHz
SPI_MODE	QIO	SPI_MODE需要根据模块的实际情况进行设置，SPI_MODE设置错误可能会引起程序不能正常运行。后面会有说明
	QOUT	
	DIO	
	DOUT	
SPI_SIZE_MAP	0	512kB(256kB+ 256kB)
	2	1024kB(512kB+ 512kB)
	3	2048kB(512kB+ 512kB)
	4	4096kB(512kB+ 512kB)
	5	2048kB(1024kB+1024kB)
	6	4096kB(1024kB+1024kB)

　　表 3-4 列出了配置项的值及其对应的含义，BOOT 为 none 即可，不用做修改。实验所编译出来的固件均不支持云端升级，所以 App 对应为 0。SPI_SPEED 推荐为 40MHz。选择的 SPI_SIZE_MAP 比实际用的 SPI_SIZE_MAP 小就可以，SPI_SIZE_MAP 为 5 即可。

　　SPI_MODE 分为 DIO、DOUT、QIO、QOUT 4 种，在配置时，我们根据实际情况配置即可。在购买模块或是开发板的时候，我们需要向卖家索要资料，找到 ESP8266 模块的硬件手册，其中会有对此模块的 SPI_MODE 的描述。

　　ESP8266 固件烧录工具如图 3-28 所示，该工具大多由第三方合作公司或是玩家编写的，本实验选用 ESP8266 官方发布的烧录工具，因为其更加稳定。

| 电脑 › 本地磁盘 (D:) › ESP8266_FlashDownLoad › FLASH_DOWNLOAD_TOOLS_V3.4.9.2 › |

名称	修改日期	类型	大小
bin_tmp	2017/12/21 16:04	文件夹	
combine	2017/7/7 11:14	文件夹	
init_data	2017/7/7 20:25	文件夹	
logs	2016/10/18 22:51	文件夹	
RESOURCE	2017/7/7 11:14	文件夹	
.DS_Store	2017/7/7 20:24	DS_STORE 文件	7 KB
ESPFlashDownloadTool_v3.4.9.2.exe	2017/7/13 18:05	应用程序	24,785 KB
tool_config.txt	2017/12/21 16:18	文本文档	4 KB

图3-28　ESP8266固件烧录工具

双击运行"ESPFlashDownloadTool_v3.4.9.2.exe"（名字中的 v3.4.9.2 可能不一样）
程序，选择"ESP8266 DownloadTool"，如图 3-29 所示。

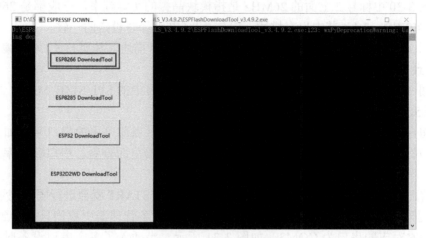

图3-29 烧录工具选项

然后会出现图 3-30 所示界面。

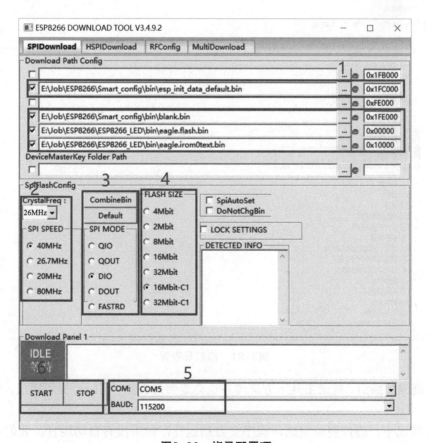

图3-30 烧录配置项

① 图 3-30 中标号 1 所示为需要下载的文件，后面是对应的下载地址，文件及对应地址已经在 3.1.4 节中描述。

② 图 3-30 中标号 2 上面的 26MHz 是指模块晶振的实际频率，一般都是 26MHz，下面是 SPI SPEED，3.1.4 节中也有描述，要与 3.1.4 节编译时设定的一致。

③ 图 3-30 中标号 3 是 SPI MODE，3.1.4 节中也有描述，其要与 3.1.4 节编译固件时设置的一致。

④ 图 3-30 中标号 4 是 FLASH SIZE，对应 3.1.4 节中的 SPI_SIZE_MAP，3.1.4 节中如果选择 5，这里对应的就是 16Mbit-C1。

⑤ 将图 3-30 中标号 5 中的串口号下拉，即可显示当前可用的串口号，如果不知道 ESP8266 对应的是哪个串口号，我们可以到设备管理器里面查看。串口波特率选择默认即可。

⑥ 前面的都配置完成后，图 3-30 中电机标号 6 的 START 就会进行固件烧录。

因为插入了 ESP8266 的一个串口设备，所以在设备管理器中我们只能看到 COM3，即 ESP8266 对应的串口为 COM3，如图 3-31 所示。当插入了多个串口设备时，我们可以拔掉 ESP8266，然后查看消失的串口号，则此串口为 ESP8266 对应的串口。

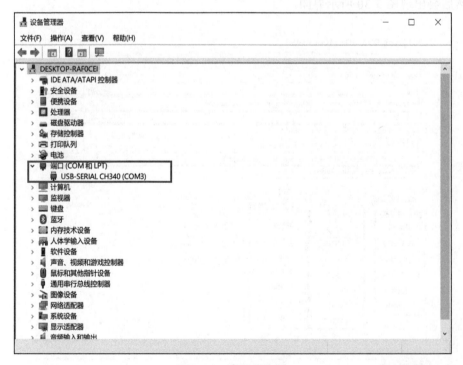

图3-31　串口号查看

固件烧录完成后，烧录工具下方进度条也会走到最右侧，同时会提示完成，如图 3-32 所示。

一般情况下，固件烧录完成，程序会自动运行，如果没有自动运行，我们可以手动按模块上的"RST"按键，如图 3-33 所示，复位模块，运行程序。

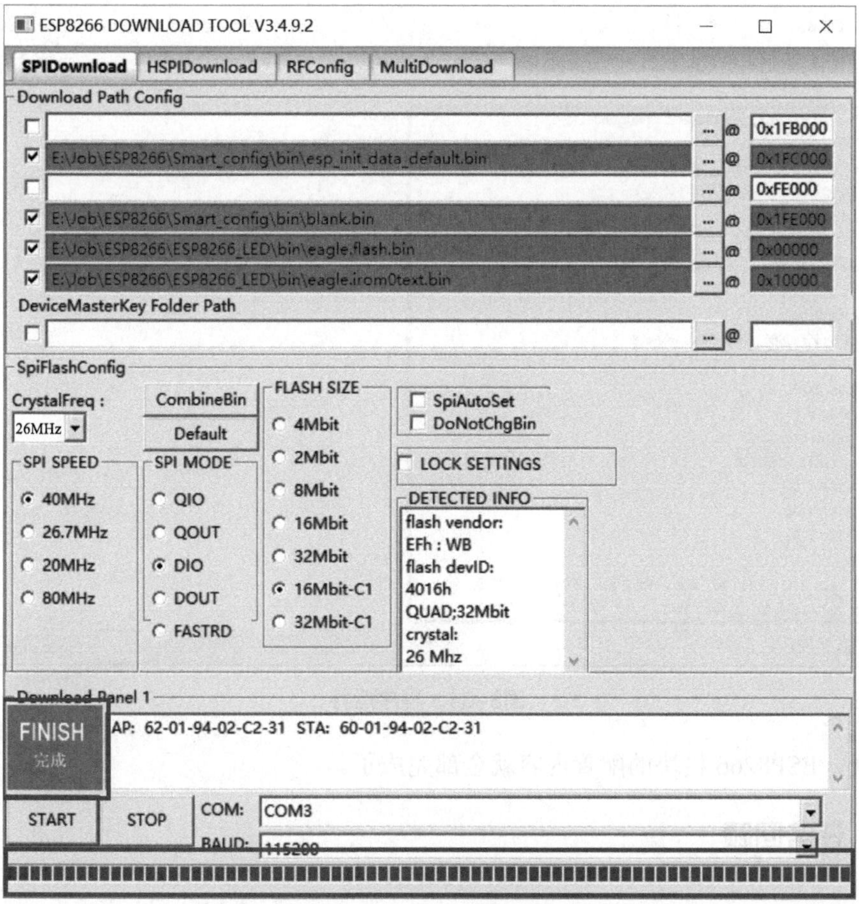

图3-32 固件烧录完成

图3-33 手动复位模块

打开串口工具，设置好波特率，即可显示程序运行信息，如图3-34所示。ESP8266默认的波特率为74880Bd。

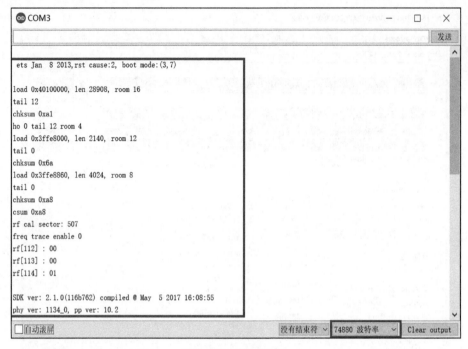

图3-34　程序运行

至此，ESP8266 模块的配置内容就全部完成了。

3.1.5　任务回顾

知识点总结

1．AiThinkerIDE_V0.5 开发软件的安装与配置，导入 ESP8266 模块的开发程序。
2．ESP8266 模板上的引脚介绍，比如常用的 GPIO、电源引脚等。
3．安可信提供的开发使用环境。
4．ESP8266 模块有下载模式、运行模式、测试模式。

学习足迹

任务一学习足迹如图 3-35 所示。

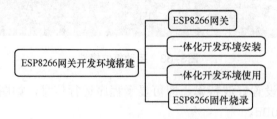

图3-35　任务一学习足迹

思考与练习

1. ESP8266 模块有哪些模式？模式的含义是什么？

2. 晶振的频率一般是多少？

3. SPI_SIZE_MAP=0 是什么含义？

4. 在 ESP8266 运行模式下，GPIO 是 _____ 电压。

3.2 任务二：基于 SmartConfig 实现一键配网

【任务描述】

我们在开发一款 WiFi 产品时，会出现两种场景，即开发场景和使用场景。在设备开发过程中，连接 WiFi 的 SSID 以及密码不会经常改变，一般开发人员希望的是把修改后的程序烧录进模块后重启，然后设备自动连入网络，之后去测试修改后的程序功能，最后重复这个过程。而不是每次程序烧录后，都需要他们用一些外部手段去配置网络，再将网络进行连接。设备发布后，用户在使用过程中，会出现因为各种原因需要重新配置WiFi 网络的情况，这样就需要一个简单方便的操作来达到重新配置网络的目的，而不是通过重新编译程序或是命令交互的方式。本任务的目的是编写程序，从而开发时直接连接 WiFi，设备发布后，通过 App 配置 WiFi，可以重新配置网络。

3.2.1 直接连接WiFi

ESP8266 是一款 WiFi 芯片，选择这款芯片的目的之一是通过 WiFi 将其接入网络中，并以此为基础，进行与 WiFi 相关的智能硬件开发。ESP8226 直接连接 WiFi，我们需要在编写程序时直接输入 WiFi 名称及密码，在硬件开发过程中，就可以自动连接本地网络。

复制之前的 ESP8266_PIR 项目将被重命名为 ESP8266_SmartConfig，然后导入项目，项目中已经加入了与 WiFi 连接的相关文件，如图 3-36 所示 include/modules 文件夹下的 wifi.h 和 modules 文件下 wifi.c。

1. wifi.h 和 wifi.c 文件的区别

首先，我们需要弄明白 .c 和 .h 文件的区别，还要弄清楚编译器的工作过程。一般说来，编译器的工作过程包括以下几个阶段：

① 预处理阶段；

② 词法与语法分析阶段；

③ 编译阶段，首先将文件编译成纯汇编语句，再将它汇编成与 CPU 相关的二进制码，生成各个目标文件 (.obj 文件)；

④ 连接阶段，将各个目标文件中的各段代码进行绝对地址定位，生成与特定平台相

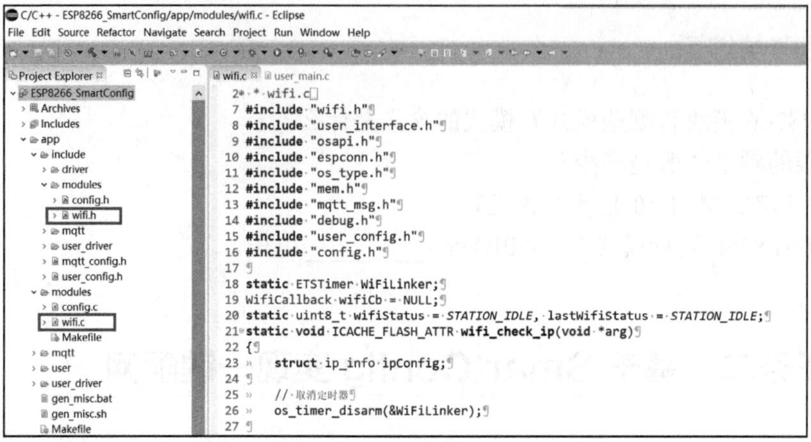

图3-36　导入项目工程

关的可执行文件；还可以用 objcopy 将其生成纯二进制码，也就是去掉了文件格式信息（生成 .exe 文件）。

编译器在编译时是以 C 文件为单位进行的，也就是说，如果你的项目中一个 C 文件都没有，那么你的项目将无法编译。连接器是以目标文件为单位，它将一个或多个目标文件进行函数与变量的重定位，生成最终的可执行文件，在 PC 上的程序，一般都有一个 main 函数，这是各个编译器的约定。为了生成一个最终的可执行文件，就需要一些目标文件，也就是 C 文件，而这些 C 文件又需要一个 main 函数作为可执行程序的入口，那么我们就从一个 C 文件入手，假定这个 C 文件的内容如下：

【代码 3-3】 App\user\user_main.c 文件实例

```
1 #include "stdio.h"
2 #include "mytest.h"
3 int main(intargc,char **argv) {
4  test = 25;
5  printf("test................%d\n",test);
 }
```

mytest.h 头文件内容如下：int test; 现在以此为例来讲解编译器的工作过程。

（1）预处理阶段

编译器以 C 文件作为一个单元，首先读取这个 C 文件，发现第一句与第二句都包含一个头文件，那么编译器就会在所有搜索路径中寻找这两个文件，找到之后，就会在相应头文件中再去处理宏、变量、函数声明、嵌套的头文件包含等，并检测依赖关系，进行宏替换，看是否有重复定义与声明的情况发生，最后将这些文件中所有的内容全部扫描进这个当前的 C 文件中，形成一个中间 C 文件。

（2）编译阶段

在第（1）步中，我们将头文件中的 test 变量扫描进了一个中间 C 文件，那么 test 变量就变成了这个文件中的一个全局变量，此时为中间 C 文件的所有变量、函数分配空间，将各个函数编译成二进制码，按照特定目标文件格式生成目标文件，在这种格式的目标文件中进行各个全局变量、函数的符号描述，将这些二进制码按照一定的标准组织成一个目标文件。

（3）连接阶段

将第（2）步生成的各个目标文件连接，生成最终的可执行文件，重定位各个目标文件的函数、变量等，相当于将目标文件中的二进制码按照一定的规范合并到一个文件中。理论上来说，C 文件与头文件里的内容，只要是 C 语言所支持的，无论写什么都是可以的，比如可在头文件中写函数体，只要任何一个 C 文件包含此头文件就可以将这个函数编译成目标文件的一部分，还可以在 C 文件中进行函数声明、变量声明、结构体声明。那为何一定要分成头文件与 C 文件呢？又为何一般都在头文件中进行函数声明、变量声明、宏声明、结构体声明，而在 C 文件中进行变量定义、函数实现呢？原因如下。

① 如果在头文件中实现一个函数体，在多个 C 文件中引用它，同时编译多个 C 文件，将其生成的目标文件连接成一个可执行文件，那么在每个引用此头文件的 C 文件所生成的目标文件中，都有一份这个函数的代码。如果这段函数又没有定义成局部函数，那么在连接时，就会有多个相同的函数，就会报错。

② 如果在头文件中定义全局变量，并且将此全局变量赋予初值，那么在多个引用此头文件的 C 文件中同样存在相同变量名的拷贝，关键是此变量被赋予了初值，所以编译器就会将此变量放入 DATA 段。在连接阶段，DATA 段中会存在多个相同的变量，它无法将这些变量统一成一个变量，也就是仅为此变量分配一个空间，而不是多个空间。假定这个变量在头文件中没有被赋予初值，编译器就会将之放入 BSS 段，连接器仅为 BSS 段的多个同名变量分配一个存储空间。

③ 如果在 C 文件中声明宏、结构体、函数等，那么在另一个 C 文件中引用相应的宏、结构体，就必须再进行一次重复的工作。如果改了一个 C 文件中的一个声明，而忘了改其他 C 文件中的声明，就会出大问题。

④ 在头文件中声明结构体、函数等，需要将代码封装成一个库。让别人来用你的代码，而你又不想公布源码，那么别人如何才能利用你的库中的各个函数呢？一种方法是公布源码，别人想怎么用就怎么用；另一种方法是提供头文件，别人从头文件中找到你的函数原型，这样人家才知道如何调用你写的函数，所以，.c 和 .h 文件都是需要的。

2. 配置 WiFi 信息

wifi.c 以及 wifi.h 文件是由官方 SDK 提供的，我们只需要调用相关 WiFi 连接函数即可。首先，我们在 user_main.c 文件中添加 wifi.h 头文件引用，然后设置 SSID（WiFi 名）以及 PASSWORD（WiFi 密码），最后通过调用 WIFI_Connect 函数连接 WiFi，具体代码如下：

【代码 3-4】 App\user\user_main.c 中添加 WIFI_Connect

```
1 #include"wifi.h"
 2 #define  SSID     "HUATEC"
3 #define  PASSWD    "huatec"
4 void WiFiConnectCb(uint8_t status)
5 {
6   if(status == STATION_CONNECTING){
7   os_printf("Already connected to WIFI\n");
```

```
8          } else {
9      }
10  }
11  void user_init(void)
12  {        ...
13          ...
14    WIFI_Connect(SSID,PASSWD,wifiConnectCb);
15  }
```

WIFI_Connect 函数会完成 WiFi 连接，此函数的第三个参数 WiFiConnectCb 是 WiFi 状态改变回调函数，当 WiFi 状态改变时，会调用此函数。

3. 回调函数

软件模块之间总是存在着一定的接口，从调用方式上，我们可以将其分为三类：同步调用、回调和异步调用。同步调用是一种阻塞式调用，调用方要等待对方执行完毕才返回，它是一种单向调用；回调是一种双向调用模式，也就是说，被调用方在接口被调用时也会调用对方的接口；异步调用是一种类似消息或事件的机制，不过它的调用方向刚好相反，接口的服务在收到某种信息或发生某个事件时，会主动通知客户方（即调用客户方的接口）。回调和异步调用的关系非常紧密，通常我们使用回调来实现异步消息的注册，通过异步调用来实现消息的通知。同步调用是三者当中最简单的，而回调又常常是异步调用的基础，因此，我们着重讨论回调机制在不同软件架构中的实现。

对于不同类型的语言（如结构化语言和对象语言）、平台（Win32、JDK）或构架（CORBA、DCOM、WebService），客户和服务的交互除了同步方式以外，还需要具备一定的异步通知机制，让服务方（或接口提供方）在某些情况下能够主动通知客户，而回调是实现异步调用的一个最简捷的途径。

对于一般的结构化语言，我们可以通过回调函数来实现回调。回调函数也是一个函数或过程，不过它是一个由调用方自己实现、供被调用方使用的特殊函数。

在面向对象的语言中，回调则是通过接口或抽象类来实现的，我们把实现这种接口的类称为回调类，回调类的对象我们称为回调对象。像 C++ 或 Object Pascal 这些兼容了过程特性的对象语言，不仅提供了回调对象、回调方法等特性，也能兼容过程语言的回调函数机制。

Windows 平台的消息机制也可以看作是回调的一种应用，我们通过系统提供的接口注册消息处理函数（即回调函数），从而实现接收、处理消息的目的。由于 Windows 平台的 API 是用 C 语言来构建的，我们可以认为它也是回调函数的一个特例。

对于分布式组件代理体系（CORBA），异步处理有多种方式，如回调、事件服务、通知服务等。事件服务和通知服务是 CORBA 用来处理异步消息的标准服务，它们主要负责消息的处理、派发、维护等工作。对于一些简单的异步处理过程，我们可以通过回调机制来实现。

下面我们集中比较具有代表性的语言（C、Object Pascal）和架构（CORBA），分析回调的实现方式、具体作用等。

（1）函数指针

回调在 C 语言中是通过函数指针来实现的，函数指针通过将回调函数的地址传给被调函数从而实现回调。因此，要实现回调，必须首先定义函数指针，代码如下：

【代码 3-5】　函数定义和函数指针定义

```
1 void Func(char *s);// 函数原型
2 void (*pFunc) (char *);// 函数指针
```

由上可以看出，函数的定义和函数指针的定义非常类似。

一般，为了简化函数指针类型的变量定义，提高程序的可读性，我们需要把函数指针类型自定义一下，代码如下。

【代码 3-6】　函数指针类型自定义

```
1 typedef void(*pcb)(char *);
```

回调函数可以像普通函数一样被程序调用，但是只有它被当作参数传递给被调函数时才能称作回调函数。

被调函数的例子如下：

【代码 3-7】　GetCallBack 函数调用

```
1 void GetCallBack(pcb callback)
2 {
3 /*do something*/
4 }
```

用户在调用上面的函数时，需要自己实现一个 pcb 类型的回调函数，代码如下：

【代码 3-8】　pcb 类型实现

```
1 void GetCallBack(pcb callback)
2 {
3 /*do something*/
4 }
```

然后，就可以直接把 fCallback 当作一个变量传递给 GetCallBack，代码如下：

【代码 3-9】　fCallback 变量传递

```
1 GetCallBack (fCallback);
```

如果赋予了不同的值给该参数，那么调用者将调用不同地址的函数。赋值可以发生在运行时，这样能够实现动态绑定。

（2）参数传送规则

到目前为止，我们只讨论了函数指针及回调，而没有注意 ANSI C/C++ 的编译器规范。许多编译器有几种调用规范：如在 Visual C++ 中，我们可以在函数类型前加 _cdecl、_stdcall 或者 _pascal 来表示其调用规范（默认为 _cdecl）；C++ Builder 也支持 _fastcall 调用规范。调用规范影响编译器产生的给定函数名、参数传递的顺序（从右到左或从左到右）、堆栈清理责任（调用者或者被调用者）以及参数传递机制（堆栈、CPU 寄存器等）。

将调用规范看成是函数类型的一部分是很重要的，不能用不兼容的调用规范将地址赋值给函数指针，代码如下：

【代码 3-10】 caller 地址赋值给指针 p

```
1 // 被调用函数是以 int 为参数，以 int 为返回值
2 _stdcall int callee(int);
3 // 调用函数以函数指针为参数
4 void caller( __cdecl int(*ptr)(int));
5 // 在指针 p 中企图存储被调用函数地址的非法操作
6 cdecl int(*p)(int) = callee; // 出错
```

指针 p 和 callee() 的类型不兼容，因为它们有不同的调用规范。因此，不能将被调用者的地址赋值给指针 p，尽管两者有相同的返回值和参数列。

（3）回调函数

回调函数类型定义如下：

【代码 3-11】 定义回调函数类型

```
1 type TCalcFunc=function (a:integer;b:integer):integer;
```

按照回调函数的格式自定义函数的实现如下：

【代码 3-12】 自定义函数的实现

```
1 function Add(a:integer;b:integer):integer
2 begin result:=a+b;
3 end;
4 function Sub(a:integer;b:integer):integer
5 begin
6 result:=a-b;
7 end;
```

回调的使用如下：

【代码 3-13】 Calc 函数实现

```
1 function Calc(calc:TcalcFunc;a:integer;b:integer):integer
```

下面，我们就可以在程序里按照需要调用这两个函数了，代码如下：

【代码 3-14】 add 和 sub 函数调用

```
1 c:=calc(add,a,b);//c=a+b
2 c:=calc(sub,a,b);//c=a-b
```

（4）回调对象

什么是回调对象呢？它具体用在哪些场合呢？首先，我们把它与回调函数对比一下。回调函数是一个定义了函数的原型，它是一种函数体交由第三方来实现的动态应用模式。要实现一个回调函数，我们必须明确：该函数需要哪些参数；返回什么类型的值。同样，一个回调对象也是一个定义了对象接口，但是没有具体实现的抽象类（即接口）。要实现一个回调对象，我们必须知道：它需要实现哪些方法；每个方法中有哪些参数；该方法需要返回什么值。

因此，在回调对象这种应用模式中，我们会用到接口。接口可以被理解成一个定义好了但是没有实现的类，它只能通过继承的方式被别的类实现。Delphi 中的接口和 COM 接口类似，所有的接口都继承于 IInterface（等同于 IUnknow），并且要实现三个基本的方法：QueryInterface、_AddRef 和 _Release。

程序编写完成后，我们需要对程序进行烧录，这时我们使用串口工具进行测试。

4. 安装串口调试工具

下载安可信串口调试助手，将其解压到文件夹 aithinker_serial_tool_v1.2.3 后，打开文件夹，单击"AiThinker Serial Tool V1.2.3.exe"，进入串口调试工具的界面，如图 3-37 所示。

图3-37　安可信串口调试助手界面

根据图 3-37，我们来介绍一下安可信串口调试助手中各指标含义及其使用。

（1）串口

软件启动后将自动识别所有可用的串口，我们只需要在下拉框中选择即可。首先，我们选择使用的串口号，然后单击"打开串口"按钮。如果要使用另一个串口，则请先单击"关闭串口"按钮，软件将显示串口已经关闭。

（2）波特率

这是一个衡量通信速度的参数，指的是信号被调制以后在单位时间内的变化，例如每秒传送 240 个字符，这时的波特率则为 240Bd。波特率和距离成反比，高波特率常常用于距离很近的设备间的通信。我们常使用的波特率一般是 9600Bd 和 115200Bd，我们这里选择波特率为 115200Bd，如图 3-38 所示。

图3-38　波特率

（3）数据位

这是衡量通信中实际数据位的参数。当计算机发送一个信息包，实际的数据不一定是 8 位的，标准的值是 7 或 8 位，如图 3-39 所示，如何设置取决于要传送的信息，比如，标准的 ASCII 码是 0 ～ 127（7 位）；扩展的 ASCII 码是 0 ～ 255（8 位）。如果数据使用简单的文本（标准 ASCII 码），那么每个数据包使用 7 位数据，每个包是指一个字节，包括开始 / 停止位、数据位和奇偶校验位。由于实际数据位取决于通信协议的选取，因此术语 "包" 可指任何通信的情况。

图3-39　数据位

（4）停止位

停止位用于表示单个包的最后一位，典型的值为 1、1.5 和 2，如图 3-40 所示。由于数据是在传输线上定时的，并且每一个设备有其自己的时钟，很可能在通信中两台设备间会出现小小的不同步，因此停止位不仅表示传输的结束，还可提供计算机校正时钟同步的机会。适用于停止位的位数越多，不同时钟同步的容忍程度越大，数据传输率也会越慢。

图3-40　停止位

（5）校验位

校验位是串口通信中一种简单的检错方式。它有 4 种检错方式：偶（Even）、奇（Odd）、高（Mark）和低（Space），如图 3-41 所示。当然没有校验位也是可以的，None 即表示没有校验位；Space 表示校验位总为 0；Mark 表示校验位总为 1。对于偶和奇校验的情况，串口会设置校验位（数据位后面的一位），用一个值确保传输的数据有偶数个或者奇数个逻辑高位。例如，如果数据是 011，那么对于偶校验，校验位为 0，保证逻辑高的位数是偶数个；如果是奇校验，校验位为 1，这样就有 3 个逻辑高位。高位和低位不真正地检查数据，简单置位逻辑高或者逻辑低校验，这样可使接收设备能够知道一个位的状态，从而判断是否有噪音干扰了通信或者传输和接收数据是否不同步。

图3-41　校验位

（6）流控

流控如图 3-42 所示，"流"即数据流。数据在两个串口之间传输时，常常会出现丢失数据的现象，或者两台计算机的处理速度不同，比如，台式机与单片机之间的通信，接收端数据缓冲区已满，则此时继续发送过来的数据就会丢失。流控制能很好地解决这个问题，当接收端处理不过来数据时，就会发出"不再接收"的信号，发送端就停止发送，直到收到"可以继续发送"的信号。因此，流控制可以控制数据传输的进程，防止数据丢失。

图3-42　流控

（7）硬件流量控制

常用的硬件流量控制有 RTS/CTS（发送数据请求 / 清除发送）流控制和 DTR/DSR（数据终端就绪 / 数据发送就绪）流控制。串口通信可以使用地线、发送（Tx）、接收（Rx）三根线完成。比如，需要 RTS/CTS 流控制，除了 Rx、Tx、GND 之外，还需要连接 RTS、CTS 信号线。具体方法在 DTR 和 RTS 设置中会详细介绍。

（8）软件流量控制

一般通过 XON/ XOFF（继续 / 停止）来实现软件流控制。常用方法：当接收端的输入缓冲区内的数据量超过设定的高位时，就向数据发送端发送 XOFF，发送端收到 XOFF后就立即停止发送数据；当接收端的输入缓冲区内的数据量低于设定的低位时，发送端收到 XON 消息后就立即开始发送数据。

（9）定时发送设置

"定时发送"空白框不打勾时，软件将默认为手动发送，只有单击"发送"按钮才能发送，并且，软件仅发送一次消息。"定时发送"空白框打对勾时，软件将自动发送通信消息，并且如果选择了自动发送，软件则以"ms/ 次"为周期发送通信消息。

（10）发送新行

只有在发送字符串时才有发送新行的设置。如图 3-43 所示，如果定义了发送新行，那么输出的字符串会以换行的方式输出。

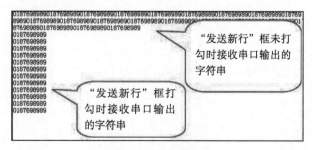

图3-43　发送新行

发送新行有两种发送数据格式：一种是普通的字符串，另外一种是十六进制数据，即HEX格式数据。我们在发送HEX格式数据时，要在字符串输入区中输入HEX格式字符串，并且要选中相应区内的十六进制发送选项，例如：HEX格式数据字符串12 34 AB CD FF。

发送HEX格式数据步骤如下：

① 输入字符串；

② 如果要发送十六进制数据，则要先在HEX选项框中打上对勾；

③ 单击"发送"按钮，发送后，界面的最下边框会显示发送数据的数量。

了解了安可信串口调试助手后，接下来我们来设置测试连接WiFi的配置参数，如图3-44所示。

图3-44 测试连接WiFi界面

配置完成后，打开串口，重启模块，看到图中框内所示的提示，即为已经连接上WiFi，如图3-45所示。

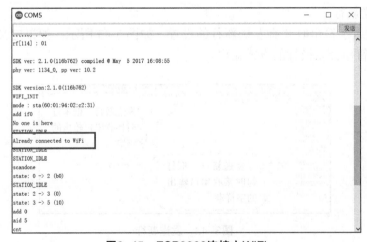

图3-45 ESP8266连接上WiFi

3.2.2 一键配网功能实现

一键配网功能一般被称作 SmartConfig，某些公司也称其为 ESPTouch，不过都是独立的功能。ESPTouch 连接 WiFi 网络，用户只需要在手机上进行简单的操作即可实现智能配置，这个过程如图 3-46 所示。

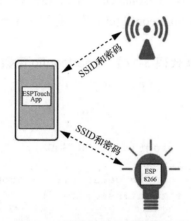

图3-46 一键配网功能实现过程

设备未连接至网络，手机无法直接向设备发送信息。此时，通过 ESPTouch 通信协议，手机就可以向接入点（AP）发送一系列的 UDP 包，其中每包的长度都按照 ESPTouch 通信协议进行编码，SSID 和密码包含在 Length 字段中，随后设备就可以获得并解析出所需的信息。

实验代码如下：

【代码 3-15】 App\include\modules\wifi.h 文件修改

```
1 #define wifi_SMARTCONFIG
2 #if( wifi_SMARTCONFIG )
3 #else
4 #define SSID                     "HUATEC"
5 #define PASSWD                         "huatec123"
6 #endif
7 ......
8 void ICACHE_FLASH_ATTR WiFi_Connect(WiFiCallback cb);
```

如上所示，将 SSID 及 PASSWORD 宏定义从 user_main.c 文件中移到 wifi.h 中，并加入条件编译语句；然后新建一个 wifi_connect 函数，仅保留回调函数。

接下来，编写 wifi.c 文件，代码如下：

【代码 3-16】 App\modules\wifi.c 文件编写

```
1 void ICACHE_FLASH_ATTR wifi_Connect(wifiCallback cb)
2 {
3 #if( wifi_SMARTCONFIG )
4 // SmartConfig 方式连接 WiFi
5 smartconfig(cb);
```

```
6 #else
7 // 直接连接 WiFi
8 WIFI_Connect(SSID, PASSWD, cb);
9 #endif
10 }
```

在 wifi.c 文件中实现 WiFi_connect(cb) 函数，用条件编译方式直接连接 WiFi 或是以 SmartConfig 方式连接 WiFi。WiFi_Connect(SSID, PASSWD, cb) 函数是以上面实验中调用过的直接方式连接 WiFi，而 smartconfig(cb) 函数是以 SmartConfig 方式连接 WiFi，其实现代码如下：

【代码 3-17】 smartconfig 函数实现

```
1   void smartconfig(WiFiCallback cb)
2   {
3   // 保存回调函数指针
4   wifiCb = cb;
5   wifi_set_opmode_current(STATION_MODE);
6   // 查询是否有保存的 WiFi 设置
7    wifi_station_get_config_default(&s_staconf);
8    if (os_strlen(s_staconf.ssid) != 0)
9    {
10    // 有保存设置，直接用保存的设置进行连接
11     os_printf("connect_WiFi\n");
12     // 系统初始化完成后调用 connect_WiFi 函数连接 WiFi
13     system_init_done_cb(connect_WiFi);
14    }
15    else
16    {
17     // 没有保存 WiFi 设置，进入 SmartConfig 模式
18     os_printf("smartcfg\n");
19     smartconfig_set_type(SC_TYPE_ESPTOUCH);
20     // 开始 Smartconfig 并设置完成后的回调函数 smartconfig_done
21     smartconfig_start(smartconfig_done);
22    }
23    // 设置定时器 2000ms 后查询 IP
24     os_timer_disarm(&WIFILinker);
25     os_timer_setfn(&WIFILinker, (os_timer_func_t *)wifi_
check_ip, NULL);
26     os_timer_arm(&WIFILinker, 3000, 0);
27    }
```

如上所示，编写 SmartConfig 函数，进入函数首先查询是否有已保存的 WiFi 配置，如果已有配置，则直接用该配置进行连接，如果没有连接配置，那么进入 SmartConfig 模式进行一键配网。这样设置的意义是，当设备配置完成后，重启设备，不会再次进入配网模式。需要注意的是，红色短线标识的两个回调函数也需要自己实现。

connect_wifi 函数实现代码如下：

【代码 3-18】 connect_wifi 函数实现

```
1   void ICACHE_FLASH_ATTR
```

```
2   connect_wifi(void)
3   {
4       // 设置WiFi连接配置，不保存到存储器，并以此配置连接WiFi
5       WiFi_station_set_config_current(&s_staconf);
6   }
```

许多case表明了SmartConfig过程中出现的不同状态，一般，我们只关注两个状态：SC_STATUS_LINK状态，表示连接完成；SC_STATUS_LINK_OVER状态，表示获取IP完成。SmartConfig_done函数较长，但并不复杂，代码如下所示：

【代码3-19】 smartconfig_done 函数实现

```
1   void ICACHE_FLASH_ATTR
2   smartconfig_done(sc_status status, void *pdata)
3   {
4   switch(status) {
5    case SC_STATUS_WAIT:
6        os_printf("SC_STATUS_WAIT\n");
7        break;
8    case SC_STATUS_FIND_CHANNEL:
9        os_printf("SC_STATUS_FIND_CHANNEL\n");
10       break;
11   case SC_STATUS_GETTING_SSID_PSWD:
12       os_printf("SC_STATUS_GETTING_SSID_PSWD\n");
13     sc_type *type = pdata;
14     if (*type == SC_TYPE_ESPTOUCH) {
15         os_printf("SC_TYPE:SC_TYPE_ESPTOUCH\n");
16     } else {
17         os_printf("SC_TYPE:SC_TYPE_AIRKISS\n");
18     }
19       break;
20   case SC_STATUS_LINK:   // 完成连接
21       os_printf("SC_STATUS_LINK\n");
22       struct station_config *sta_conf = pdata;
23     // 设置WiFi连接配置，保存到存储器
24     wifi_station_set_config(sta_conf);
25     wifi_station_disconnect(); // 断开当前连接
26     wifi_station_connect();    // 连接WiFi
27     break;
28   case SC_STATUS_LINK_OVER: // WiFi 连接完成
29       os_printf("SC_STATUS_LINK_OVER\n");
30       if (pdata != NULL) {
31           //SC_TYPE_ESPTOUCH
32           uint8 phone_ip[4] = {0};
33           os_memcpy(phone_ip, (uint8*)pdata, 4);
34 os_printf("Phone
35       ip: %d.%d.%d.%d\n",phone_ip[0],phone_ip[1],phone_ip[2],
phone_ip[3]);
36       } else {
37           //SC_TYPE_AIRKISS - support airkiss v2.0
38           //airkiss_start_discover();
```

```
39        }
40        smartconfig_stop();
41        break;
42 }
43}
```

然后修改 user_main.c 文件中的函数调用，代码如下：

【代码 3-20】 App\user\user_main.c 调用 wifi_connect 函数

```
1   // 连接 WiFi
2   wifi_Connect(wifiConnectCb);
```

设置 WIFI_SMARTCONFIG 宏的值为 1，选择编译 SmartConfig 模式，如图 3-47 所示，然后烧录程序，打开串口，重启模块。

图3-47　串口输出提示进入SmartConfig模式

SmartConfig 模式需要配合手机 App 来完成配网。首先，我们需要注册华晟物联云，登录进入首页，然后选择下载，看到华晟物联云的二维码进行扫码下载即可。步骤：打开华晟物联云 App，输入用户名和密码登录，选择设备→设备联网，如图 3-48 所示。

图3-48　打开App

单击"连接",页面会提示正在连接,连接上以后,再获取IP,最后提示连接成功,并给出设备IP,如图3-49所示。

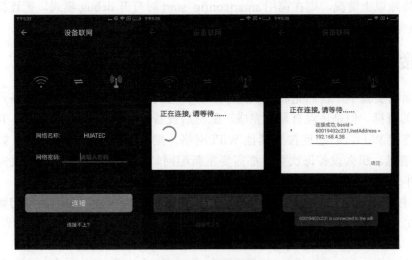

图3-49 联网设置

图3-50所示是设备端通过串口输出的提示(已经连接成功)得到了IP,系统还给出了用于配网的手机的IP地址。

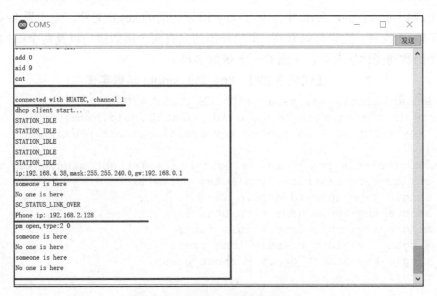

图3-50 串口助手提示连接成功

如果SmartConfig配网不成功会有哪些原因呢?

请做以下检查:

① 手机连接的路由器不能是单5G路由(双频路由器除外);

② SmartConfig过程中不要调用其他API;

③ 使用 AT 时,设备在没有获得 IP 之前,不要调用 smartconfig_stop;

④ App 版本是否支持 SDK 版本或 SmartConfig 版本。

如果排除以上情况,则在调用 smartconfig_start 时打开 debug 模式,把连接失败或成功的 log 发给技术人员进行分析。

3.2.3 按键功能实现

在前面的实验中,我们完成了 SmartConfig,实现了通过手机配置使设备连入指定的 WiFi 网络的目标,但是还没有最终完成。配网后设备记住了 WiFi 连接信息,重启后,设备会自动连接 WiFi,若想连接到其他 WiFi 网络,则还需要重新烧录固件;如果不记住 WiFi 连接信息,那么设备每次重启都需要重新配网。若要解决这个问题,就需要一个外部触发条件来帮助模块"复位",一般的做法是通过按键来复位设备。

SDK 中已经实现 key 功能,在使用时只需要添加回调函数,然后调用初始化函数就可以了。在 driver_lib 文件夹下的 driver 文件夹中的 key.h 中添加回调函数,代码如下:

【代码 3-21】 SDK 中 key 功能的实现

```
1 struct single_key_param *key_init_single(uint8 gpio_id, uint32 gpio_
name, uint8 gpio_func, key_function long_press, key_function short_
press);
2  void key_init(struct keys_param *key);
3  #endif
```

由上我们可以看到,SDK 中添加了 key 相关功能的 key.c 文件,先不看 key.c 文件,而是打开 key.h 文件,此时可以看到,留给外部的只有两个函数接口以及两个结构体变量。

两个函数功能比较简单,下面看一下函数实现:

【代码 3-22】 key_init_single 函数实现

```
1  struct single_key_param *ICACHE_FLASH_ATTR
2  key_init_single(uint8 gpio_id, uint32 gpio_name, uint8 gpio_
func, key_function long_press, key_function short_press)
3  {
4 struct single_key_param *single_key = (struct single_key_param
*)os_zalloc(sizeof(struct single_key_param));
5  single_key->gpio_id = gpio_id;
6  single_key->gpio_name = gpio_name;
7  single_key->gpio_func = gpio_func;
8  single_key->long_press = long_press;
9  single_key->short_press = short_press;
10 return single_key;
11}
```

key_init_single 函数功能为申请变量空间,保存单个按键的配置信息(包括按键 ID、按键名称、按键功能、长按回调函数、短按回调函数),具体代码如下:

【代码 3-23】 key_init 函数实现

```
1   void ICACHE_FLASH_ATTR
2   key_init(struct keys_param *keys)
3   {
```

```
4    uint8 i;
5    for (i = 0; i < keys->key_num; i++)
6    {
7        GPIO_INTR_ATTACH(key_intr_handler, keys, GPIO_ID_
PIN(keys->single_key[i]->gpio_id)); }
8    ETS_GPIO_INTR_DISABLE();
9    for (i = 0; i < keys->key_num; i++) {
10    keys->single_key[i]->key_level = 1;
11    PIN_FUNC_SELECT(keys->single_key[i]->gpio_name, keys->single_
key[i]->gpio_func);
12        gpio_output_set(0, 0, 0, GPIO_ID_PIN(keys->single_key[i]-
>gpio_id));
13        gpio_register_set(GPIO_PIN_ADDR(keys->single_key[i]->gpio_
id), GPIO_PIN_INT_TYPE_SET(GPIO_PIN_INTR_DISABLE)
            | GPIO_PIN_PAD_DRIVER_SET(GPIO_PAD_DRIVER_DISABLE)
            | GPIO_PIN_SOURCE_SET(GPIO_AS_PIN_SOURCE));
        GPIO_REG_WRITE(GPIO_STATUS_W1TC_ADDRESS, BIT(keys->single_
key[i]->gpio_id));
14    //enable interrupt
15    gpio_pin_intr_state_set(GPIO_ID_PIN(keys->single_key[i]-
>gpio_id), GPIO_PIN_INTR_NEGEDGE);
    }
16    ETS_GPIO_INTR_ENABLE();
17    }
```

key_init 函数功能也不复杂：首先关中断，配置 GPIO，清除中断状态，设置中断，开中断。

打开 user_main.c 函数添加两个回调函数，按键长按的回调函数，按键短按的回调函数，代码如下：

【代码 3-24】 App\user\user_main.c 添加按键功能回调函数

```
1    static void key_LongPressCB( void )
2    {
3    enter_WiFiConfig();
4    }
5    static void key_shortPressCB( void )
6    {
7    os_printf( "111111\n" );n8    }
```

添加按键的宏定义以及声明两个结构体变量，这里选择 gpio 0 作为按键功能，代码如下：

【代码 3-25】 App\user\user_main.c 按键宏定义

```
1  static struct keys_param key_param;
2  static struct single_key_param *single_key[2];
3  #define keys_Pin_NUM        0
4  #define keys_Pin_FUNC       FUNC_GPIO0
5   #define keys_Pin_MUX        PERIPHS_IO_MUX_GPIO0_U
```

然后在 user_main.c 中的 void user_init(void) 中配置并初始化按键，代码如下：

【代码 3-26】 初始化按键

```
1 {
2    // 初始化按键配置
```

```
3   single_key[0] = key_init_single( keys_Pin_NUM, keys_Pin_MUX,
              keys_Pin_FUNC,
                            key_LongPressCB,
5                           key_shortPressCB );
6  key_param.key_num = 1;
7     key_param.single_key = single_key;

8     // 初始化按键功能
9     key_init( &key_param );
10 }
```

打开 wifi.c 文件添加一个 void enter_wifiConfig(void) 函数，并在 wifi.h 中声明该函数，代码如下：

【代码 3-27】 App\modules\wifi.c 中 enter_wifiConfig 函数

```
1    void enter_wifiConfig(void)
2    {
3      wifi_station_disconnect();
4      smartconfig_set_type(SC_TYPE_ESPTOUCH);
5      smartconfig_start(smartconfig_done);
6    }
```

在 user_main.c 文件的 key_LongPressCB 回调函数中调用 enter_wifiConfig 函数，这样当按键长按时即可进入 enter_wifiConfig 函数，进行重新配网。

图 3-51 框中标示出的即为本实验的按键。

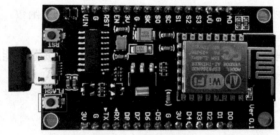

图3-51　标示按键

这样，开发时选择直接连接 WiFi 模式，发布后选择 SmartConfig 模式。在 SmartConfig 模式下，设备配网后会记住 WiFi 连接信息，当想要重新配网时，上电状态下长按按键就可以进行重新配完，至此，本实验完毕。

3.2.4　任务回顾

🌀 **知识点总结**

1．配网的不同方式；直接连接 WiFi；一键配网；按键功能配网。

2．开发过程中 .c 和 .h 文件的区别以及编译器的工作原理。

3．回调的实现方式以及具体作用。

4. 一键配网功能实现的原理，安装串口调试工具并调试 WiFi 连接。

📖 **学习足迹**

任务二学习足迹如图 3-52 所示。

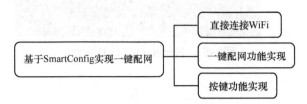

图3-52　任务二学习足迹

📡 **思考与练习**

1. 编译器的工作过程有哪些？
2. 回调的实现方式及具体作用分别是什么？
3. 一键配网功能实现的工作原理是什么？
4. 按键功能实现用到了哪些函数？函数实现了什么功能？

3.3　任务三：手机远程控制 LED

【任务描述】

本任务基于一键配网的实现，通过 ESP8266 编写 MQTT 的订阅功能的程序，实现手机控制 LED 灯的点亮与熄灭的功能。ESP8266 开发板可以通过 GPIO 连接 LED，并在程序中通过订阅手机或者云后台发送的控制消息，对 LED 进行点亮或熄灭操作。

3.3.1　GPIO

GPIO 是通用输入输出端口的简称，简单来说就是可控制的引脚。芯片的 GPIO 引脚与外部设备连接起来，可以实现与外部的通信、控制以及数据采集的功能。

所有的 GPIO 引脚都有基本的输入输出功能。最基本的输出功能是由芯片控制引脚输出高、低电平，实现开关控制，比如把 GPIO 引脚接入 LED 灯，就可以控制 LED 灯的亮灭；引脚接入继电器或三极管，就可以通过继电器或三极管控制外部大功率电路的通或断。

图 3-53 中框中所示的是 NodeMcu 上的 LED，它在模块内部已经被连接到了 GPIO2 上。

图 3-54 是截取模块原理图的一部分，可以看到，LED 一端被连接到了 GPIO2 上，另一端被连接到了 3V3 电源上。控制 GPIO2 输出低电平就可以点亮 LED，输出高电平就可以熄灭 LED。

图3-53 NodeMcu上LED图示

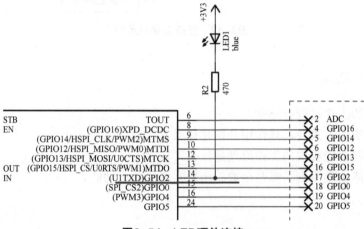

图3-54 LED硬件连接

复制上一个实验的工程，将其重命名为 ESP8266_LED，然后导入工程。在 App → user_driverhe 和 App → include → user_driver 中分别添加 LED.c 文件以及 LED.h 文件，并在 LED.c 文件中添加 LED.h 头文件引用，如图 3-55 所示。

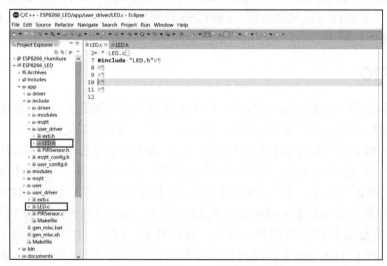

图3-55 添加LED.h头文件引用

打开 LED.h 文件代码如下：

【代码 3-28】 App\include\user_drive\ LED.h 文件

```
1   #include "eagle_soc.h"
2   #include "c_types.h"
3   #include "gpio.h"
4   #define LED_MUX                PERIPHS_IO_MUX_GPIO2_U
5   #define LED_FUNC          FUNC_GPIO2
6   #define LED_NUM
7   #define LED_ON                 GPIO_OUTPUT_SET(LED_NUM, 0)
8   #define LED_OFF                GPIO_OUTPUT_SET(LED_NUM, 1)
9   void LED_init(void);
```

向 LED.h 文件中加入头文件，然后添加 GPIO 宏定义、LED_ON 和 LED_OFF 宏定义以及 LED 初始化函数声明，之后打开 LED.c 文件，代码如下：

【代码 3-29】 App\user_drive\LED.c 文件

```
1   #include "LED.h"
2   void LED_init(void)
3   {
4   // 设置 GPIO2 为输出
5   PIN_FUNC_SELECT(LED_MUX, LED_FUNC);
6   // GPIO2 输出 1（关闭 LED）
7   GPIO_OUTPUT_SET(LED_NUM, 1);
8   }
```

在 LED.c 文件中编写 LED 初始化函数，然后打开 user_main.c 文件，代码如下：

【代码 3-30】 App\user\user_main.c 文件

```
1   void user_init(void)
2   {
3   // 获取 SDK 版本号并通过串口打印出来
4   os_printf("SDK version:%s\n", system_get_sdk_version());
5   // 设置 WiFi 模式为 station mode
6   WiFi_set_opmode_current(STATION_MODE);
7   PIRSensor_Init(PIRSensor_handle);
8   // LED 初始化
9   LED_init();
10  // 点亮 LED
11  LED_ON;
12  }
```

在 uesr_main.c 文件中添加 LED 初始化函数，并点亮 LED。编译、烧录程序后重启模块，会看到 LED 被点亮。

3.3.2 MQTT订阅主题

MQTT 是一个物联网传输协议，它被设计用于轻量级的发布 / 订阅式消息传输。之前的实验中已经实现了 MQTT 的配置和发布功能。

本实验为了实现 MQTT 订阅主题的功能。我们首先打开 user_main.c 文件，添加 mqttDataCB

函数，如下所示：

【代码 3-31】 App\user\user_main.c 添加 mqttDataCB 函数

```
1   void ICACHE_FLASH_ATTR
2   mqttDataCB(uint32_t *args, const char* topic, uint32_t topic_
len, const char *data,
3   uint32_t data_len)
4   {
5   }
```

在之前的实验中，mqttDataCB 函数的函数体内部是空的，此函数没有实现。此函数就是订阅主题的回调函数，收到订阅的主题后，此函数会被调用，实现函数如下：

【代码 3-32】 App\user\user_main.c 中 mqttDataCB 函数实现

```
1   void ICACHE_FLASH_ATTR
2   mqttDataCB(uint32_t *args, const char* topic, uint32_t topic_
len, const char *data,
3   uint32_t data_len)
4   {
5       int i = 0, status=0, ret = 0;
6   // 申请空间来存储主题和数据
7       char *topicBuf = (char*)os_zalloc(topic_len+1),
8       *dataBuf  = (char*)os_zalloc(data_len+1);
9       MQTT_Client* client = (MQTT_Client*)args;
10      // 拷贝主题到申请的空间内
11      os_memcpy(topicBuf, topic, topic_len);
12      topicBuf[topic_len] = 0;
13      // 拷贝数据到申请的空间内
14      os_memcpy(dataBuf, data, data_len);
15      dataBuf[data_len] = 0;
16      os_printf("Receive topic: %s, data: %s \r\n", topicBuf, dataBuf);
17      // 解析主题名
18      for(i=0; i<SUB_TOPIC_COUNT; i++)
19      {
20          ret = strncmp(topicBuf, sub_topic_id[i], topic_len);
21          //os_printf("ret = %d\n", ret);
22          if(!ret)
23          {
24              //os_printf("dataBuf:%s\n",dataBuf);
25              status = atoi(dataBuf);
26              status = (int)(*dataBuf - 48);
27              os_printf("status:%d\n",status);
28              break;
29          }
30      }
31      switch(i)
32      {
33          case 0:
34              if(status == 0) //close
35              {
```

```
36                      LED_OFF; // 关灯
37                      os_printf("led_off\n");
38                      // LED 灯关闭后回送给云平台 LED" 关 " 状态
39                      MQTT_Publish(client, pub_topic_id[i], "0",
1, 0, 0);
40                      // 回送给云平台的确认信息
41                      MQTT_Publish(client, pub_topic_id[i],
"response:1", 10, 0, 0);
42                  }
43                  if(status == 1) //open
44                  {
45                      LED_ON; // 开灯
46                      os_printf("led_on\n");
47                      MQTT_Publish(client, pub_topic_id[i], "1",
1, 0, 0);
48                      MQTT_Publish(client, pub_topic_id[i],
"response:1", 10, 0, 0);
49                  }
50                  break;
51          case 1:
52                  break;
53          default:
54                  break;
55          }
56          os_free(topicBuf);
57      os_free(dataBuf);
58  }
```

mqttDataCB 的函数比较长，但实现很简单，大致分为 4 个部分：申请空间保存数据、解析数据、根据数据内容实现操作（点亮或熄灭 LED）、释放空间。

3.3.3　云平台及手机控制LED

我们需要在华晟物联云上创建设备 LED，获取 LED 的相关信息，并将其写入硬件程序中。华晟物联云根据模板创建设备，是为了批量生产设备。接下来，我们开始创建设备。首先，我们登录华晟物联云，单击"设备管理"下的"设备模板"，单击"新建"，如图 3-56 所示。

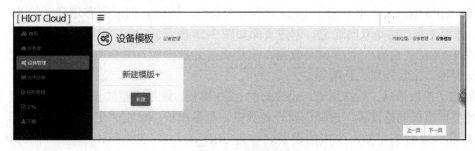

图3-56　新建模板

接下来，我们填写模板信息进行创建，模板信息有模板名称、型号、图片、描述、版本号、私有，如图 3-57 所示。其中需要解释一下"私有"这个属性：模板私有，表示其他用户访问不到，不能根据此模板创建设备；反之亦然。

图3-57　创建模板

在设备模板中找到 LED 模板，单击"详情"，进入 LED 模板创建通道和详情页面。我们还需要创建 LED 传送数据和接收数据的通道。LED 有两个操作：一个是控制 LED 开关；另一个是控制开关后上传 LED 当前状态。这两个操作分别对应着传送数据向上通道和接收数据向下通道。创建通道需要选择通道类型，通道类型有 4 种，分别是数值型、布尔型、GPS 型、文本型。由于 LED 只有开关功能，因此我们采用布尔型（0、1），0 代表关，1 代表开，这是双向通道。创建页面如图 3-58 所示。

图 3-58 左下角有一个添加元数据，那什么是元数据呢？元数据就是添加 LED 模板的特殊属性，比如外观、色温等。

创建了模板信息、数据通道、元数据的 LED 模板，就是完整的设备模板了。接下来，我们要根据模板创建设备，选择创建设备数量、设备模板，单击"生成设备"即可。

由图 3-59 我们可知，生成的设备名称为 LED_dev_1，我们单击"查看"，可获取设备详情，如图 3-60 所示生成上、下两个方向通道，并标出了设备以及两个通道的 UUID（主题）。

图3-58 创建数据通道

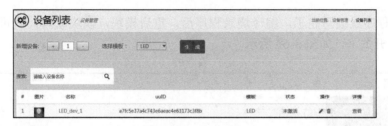

图3-59 设备列表

图3-60 创建设备

然后，将这 3 个 UUID 填入程序，如图 3-61 所示。

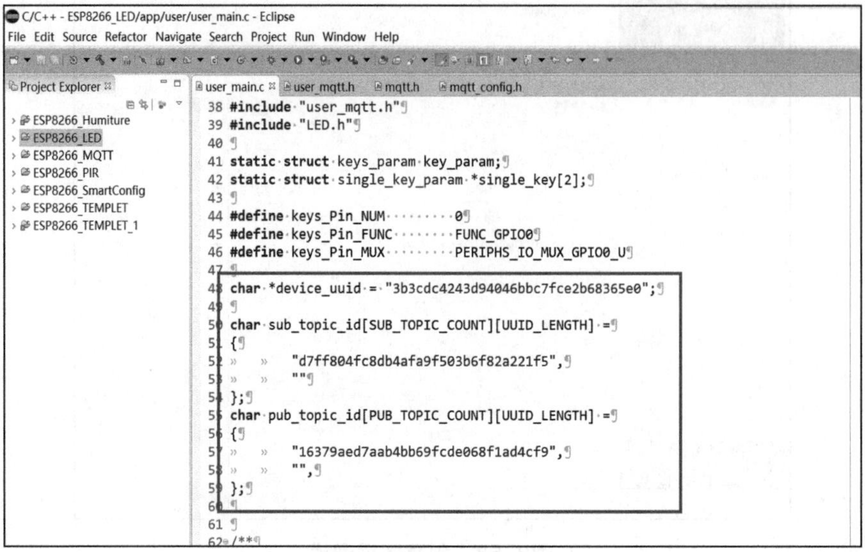

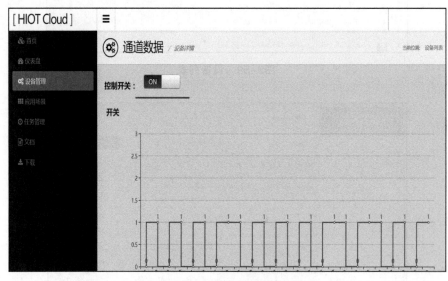

图3-61　填入UUID

至此，程序就编写完了，编译烧录程序后，重启模块，模块联网，就可以通过云平台控制 LED 开关了，如图 3-62 所示。

图3-62　云平台控制LED

手机控制设备需要先绑定设备，图 3-63 中，不只有 UUID，还有对应设备 UUID 的二维码，我们通过华晟物联云 App 扫描此二维码可将设备绑定到该 App 账号。

按照图 3-63 的操作即可通过手机远程控制 LED。

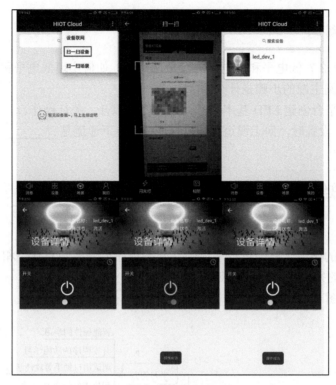

图3-63 设备绑定及控制

3.3.4 任务回顾

 **知识点总结**

1．GPIO 是通用输入输出端口的简称，简单来说就是可控制的引脚，芯片的 GPIO 引脚与外部设备连接起来，可以实现与外部通信、控制以及数据采集的功能。

2．MQTT 是一个物联网传输协议，它被设计用于轻量级的发布 / 订阅式消息传输。之前的实验中已经实现了 MQTT 的配置和发布功能。

3．使用物联网云平台创建、绑定、连接 LED，可以控制 LED 的开和关。

学习足迹

任务三学习足迹如图 3-64 所示。

图3-64 任务三学习足迹

思考与练习

1. GPIO 是什么？低电平和高电平的含义是什么？如何实现低电平和高电平？
2. MQTT 订阅主题的步骤是什么？
3. 物联网云平台创建 LED 基本信息，并进行模拟开、关灯操作。
4. 创建 LED 设备时，向上通道是 _____，向下通道是 _____。

3.4 项目总结

通过本项目的学习，我们可以掌握硬件网关程序的开发与设计、相关软件工具的使用以及硬件相关的知识，大大提高我们的学习能力和业务逻辑能力。

项目总结如图 3-65 所示。

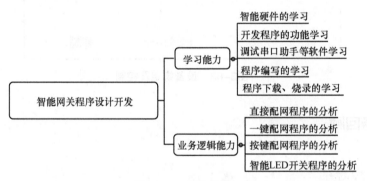

图3-65 项目总结

3.5 拓展训练

自主实践：手机远程显示温、湿度

随着互联网的发展，手机方便了人们的生活，手机可以实现打电话、聊天、上网等功能，还可以显示自己家里的一些信息，比如灯的开关，室内的温、湿度等。通过项目 3 的学习，我们来举一反三，通过手机远程显示温、湿度。该项目与手机远程控制 LED 不同的是，该项目做的是 MQTT 发布主题，将温、湿度传感器的数值上传到手机或是云平台。

◆ **要求**：包括选题和内容。

参考 3.2 节与 3.3 节对智能硬件的开发要求，自主完成对温湿度上传数据的开发。

开发内容需包含以下几点：

- 硬件完成按键配网开发；
- 物联网创建温、湿度模板，设备，向上通道等信息；
- MQTT 发布主题上传温、湿度数据；
- 测试手机显示温、湿度。
- ◆ **格式要求**：统一使用 Eclipse 进行编程。
- ◆ **考核方式**：采取硬件展示和课内发言两种形式，时间要求 10~15 分钟。
- ◆ **评估标准**：见表 3-5。

表3-5　拓展训练评估表

项目名称： 手机远程显示温、湿度	项目承接人： 姓名：	日期：
项目要求	**评分标准**	**得分情况**
实现按键配网功能（25分）	① 获取WiFi信息（5分）； ② 编写按键配网过程（10分）； ③ 测试按键配网（10分）	
实现MQTT发布主题（35分）	① 什么是MQTT发布主题（5分）； ② MQTT如何发布主题（10分）； ③ 实现MQTT发布主题（20分）	
熟悉掌握物联网云平台（25分）	① 创建温、湿度传感器模板（5分）； ② 创建温、湿度传感器设备（5分）； ③ 将设备向上通道加入主题（15分）	
讲解项目实现过程（15分）	① 配网如何实现（5分）； ② MQTT如何发布主题（5分）； ③ 如何实现手机远程显示温、湿度（5分）	
评价人	**评价说明**	**备注**
个 人		
老 师		

项目 4

智能家居应用设计与开发

 项目引入

经过努力，我们终于完成了智能网关的程序设计。目前看来，程序运行的效果还是不错的！我们之前完成了硬件电路的设计、智能网关的程序设计，接下来，我们将要完成一个高大上的设计，期待吧！

Serge：Henry，之前的硬件电路和 ESP8266 的 SDK 开发都做得不错，证明你的学习能力还是蛮强的。

Henry：嘿嘿，谢谢夸奖。

Serge：接下来，我们就要整合之前设计的所有东西，根据实际的应用场景部署一套智能硬件系统。

Henry：嗯，具体是什么应用场景呢？

Serge：智能家居受物联网影响较早，现已逐渐普及，对我们生活影响也较为深刻，我们就选智能家居场景吧！

Henry：哇，部署好之后，我也要给自己的小窝改造一下，享受小资的生活！

Serge：这次任务的工作量还是比较大的，不仅考验你自己的实践动手能力和解决问题的能力，还有很关键的一点，就是你的团队协作能力。加油，到最后的关键时刻了！

Henry：好的，我会尽我的全力去做的。

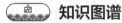 **知识图谱**

项目 4 知识图谱如图 4-1 所示。

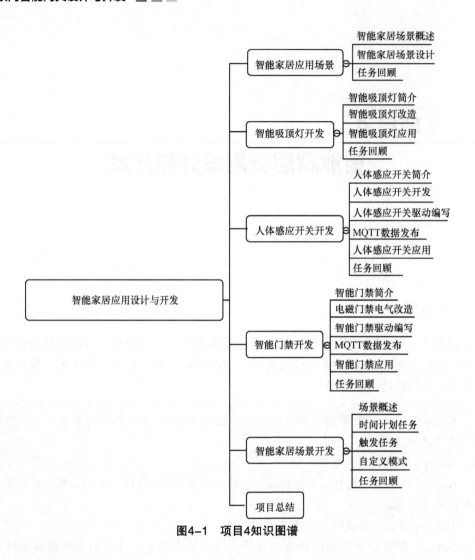

图4-1　项目4知识图谱

4.1　任务一：智能家居应用场景

【任务描述】

智能家居应用场景中应该都有哪些智能设备呢？设备与设备之间又有什么关系呢？如何才能够打造一个高效、舒适、安全、便利又环保的家居坏境呢？下面，我们一起边学习边动手吧！

4.1.1　智能家居场景概述

要部署一个智能家居应用场景，我们需要了解：什么是智能家居；它的作用、设计原则和产品特性是什么；智能家居系统的架构是什么样子。知道了这些，我们才能够打造出一个安全、节能、智能、便利和舒适的家居环境。

1. 什么是智能家居

智能家居或称智能住宅，是以住宅为平台，兼备建筑设备、网络通信、信息家电和设备自动化，集系统、结构、服务、管理为一体的高效、舒适、安全、便利、环保的居住环境。它在保持了传统的居住功能的基础上，摆脱了被动模式，成为具有能动性、智能化的现代工具。

2. 智能家居的作用

智能家居不仅提供了全方位的信息交换功能，还优化了人们的生活方式和居住环境，帮助人们有效地安排时间、节约能源，实现了家电控制，照明控制，室内、外遥控，窗帘自控，防盗报警，计算机控制，定时控制等功能。

3. 智能家居的设计原则

（1）实用性、便利性

智能家居最基本的目标是为人们提供一个舒适、安全、方便和高效的生活环境。对于智能家居产品来说，最重要的是以实用为核心，摒弃那些华而不实、只能充作摆设的功能，产品以实用性、易用性和人性化为主。

在设计智能家居系统时，设计师应根据用户对智能家居功能的需求，整合以下最实用、最基本的功能，包括：智能家电控制、智能灯光控制、电动窗帘控制、防盗报警、门禁控制、煤气泄露、水泄露等。个性化智能家居的控制方式要丰富多样，包括：本地控制、遥控控制、集中控制、手机远程控制、感应控制、网络控制、定时控制等。其本意是让人们摆脱烦琐的事务，提高效率，如果操作过程和程序设置过于烦琐，容易让用户产生排斥心理。在进行智能家居设计时，设计师一定要充分考虑到用户体验，注重操作的便利化和直观性，采用图形化的控制界面，让操作所见即所得。

（2）可靠性

为保证整个建筑的各个智能化子系统24小时运转，系统的安全性、可靠性和容错能力必须予以高度重视。对于各个子系统，如电源、系统备份等方面要采取相应的容错措施，以保证系统的正常和安全使用，质量、性能要良好，具备适应各种复杂环境变化的能力。

（3）标准性

智能家居系统方案的设计是依照国家和地区的有关标准执行的，以确保系统的扩展性，在系统传输上采用标准的 TCP/IP 网络技术，保证不同生产厂商之间的系统可以兼容与互联。系统的前端设备是多功能的、开放的、可扩展的设备，如系统主机；终端与模块采用标准化接口设计，为智能家居系统外部厂商提供集成的平台，其功能可以扩展，当需要增加功能时，无需再开挖管网，简单可靠、方便节约。设计选用的系统和产品，能够使本系统与不断更新的第三方受控设备进行互通互联。

（4）方便性

布线安装是否简便直接关系到成本、可扩展性、可维护性等问题，因此一定要选择布线简单的系统，施工时可与小区宽带一起布线，便于操作和维护。

在工程安装调试中，系统的方便性设计是非常重要的。家庭智能化有一个显著的特点：安装、调试与维护的工作量非常大，需要投入大量的人力物力，这成为智能化行业发展的瓶颈。针对这个问题，系统在设计时，设计师就应考虑安装与维护的方便性，比如系统可以通过 Internet 远程调试与维护。

通过网络，用户不仅能够实现家庭智能化、系统化的控制功能，工程人员还可远程监测系统的工作状况，对系统出现的故障进行诊断。这样，系统的设置与版本的更新可以在异地进行，从而大大方便了系统的维护，提高了响应速度，降低了维护成本。

（5）先进性

在满足用户现有需求的前提下，设计师设计时应充分考虑各种智能化技术迅猛发展的趋势，不仅要在技术上与时俱进，而且要注重采用先进的技术标准和规范，以适应未来技术发展的趋势，使整个系统可以随着技术的发展和进步，具有不断更新、扩充和升级的能力。系统设计应遵循开放性原则，软件、硬件、通信接口、网络操作系统和数据库管理系统等要符合国际标准，使系统具备良好的兼容性和可扩展性。

4. 产品特性

（1）简单安装

智能家居系统可以简单地安装，而不必破坏隔墙，不必购买新的电气设备，系统完全可与家中现有的电气设备如灯具、电话和家电等进行连接。用户既可在家操控各种电器及其他智能子系统，也能远程监控。

（2）可扩展性

智能家居系统是可以扩展的系统，最初，智能家居系统只能与照明设备或常用的电器设备连接，将来其也可以与其他设备连接，以适应新的智能生活需要。

即使装修过的家居也可轻松升级为智能家居。无线控制的智能家居系统可以不破坏原有装修，只要在一些插座等处安装相应的模块即可实现智能控制，更不会对原来房屋墙面造成破坏。

5. 智能家居系统架构

一个智能家居产品的诞生不仅仅需要智能设备，还需要依托于网络、云后台管理系统和控制终端，其整体架构如图 4-2 所示。

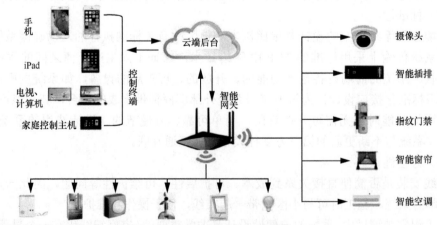

图4-2 智能家居系统架构

智能家居系统方案的一个关键点是组网方式。组网方式关系到整个智能家居系统的稳定性、可扩展性、实时性等。从安装及维护等方面考虑，对于组网方式，我们毫无疑问选择了无线的组网方式。无线组网方式有许多种，包括 ZigBee、WiFi、Z-wave 等。当然一个完整的智能家居系统不仅仅采用一种无线通信方式进行组网，更多的是搭配使用多种组网方式。本文以 WiFi 联网为例，简单地介绍一下组网方式。WiFi 采用星形的网络拓扑结构，它的一个重要的特点就是传输的数据量大，可以传输视频流，并且很适于固定的不常移动的家电设备，可覆盖家中的每个角落。

使用 WiFi 的另一个原因是，诸多常用设备，例如电脑、平板电脑、手机都自带了 WiFi 模块，可通过 WiFi 和路由器通信。如今推出的很多电视也带有 WiFi 功能，例如网络电视。所以，WiFi 在家庭中的使用是非常广泛、方便的。

了解了为什么选择 WiFi 之后，下一步我们需要做的是如何将这些设备与路由器进行连接。

有显示界面的设备，如手机、电脑等，能够通过无线设置与智能路由器进行连接。对于无操作显示界面的设备，我们的解决办法是，通过手机或者平板等终端设备使其接入网络，这就是我们项目 3 中所讲到的一键配网功能，在这里就不过多地赘述了。

解决了设备联网，接下来就是智能网关、云端后台、控制终端之间如何进行通信，它们的核心是云后台管理系统，从图 4-2 中可以看出，云端后台处于控制终端和智能网关之间，负责数据的收集、存储、处理，消息的分发、转发，涉及的通信协议有 HTTP、MQTT。HTTP 用于客户端的主动请求，例如获取设备的列表、数据等；MQTT 则用于后台主动给设备发送消息，上传设备的状态。

有了整体架构，我们开始思考智能家居系统中应该包含哪些设备，如何组合才能实现"以人为本"的智能家居体验。

4.1.2　智能家居场景设计

智能家居，简而言之就是智能化装修，将家庭设备智能化。依照智能家居的设计原则和个性化需求，我们将智能家居系统划分为几个子系统，每个子系统代表一种类型的智能设备，如图 4-3 所示。每个设备都通过 WiFi 进行联网，可控制、可定时、可触发，也可组合控制，用户可以根据需求预设各种需要的模式，以满足日常生活的各种场景需求。

（1）智能摄像头

随着居住环境的升级，人们越来越重视个人安全和财产安全，对人、家庭以及小区的安全问题提出了更高的要求。智能摄像头就像我们的眼睛，在我们外出的过程中监控家里的一举一动。当陌生人入侵、煤气泄漏、火灾等情况发生时，它可及时发现并通知主人。该设置操作简单，我们可以通过手机 App 或者门口控制器进行布防或者撤防，从而有效地阻止小偷进一步行动，并且也可以在事后取证，给警方提供有力的证据。当家中有儿童开门时，设备可及时提醒家长，预防儿童走失。

（2）智能门禁

智能门禁主要应用于家庭、小区和办公楼等区域，门外设有刷卡装置或密码解锁系

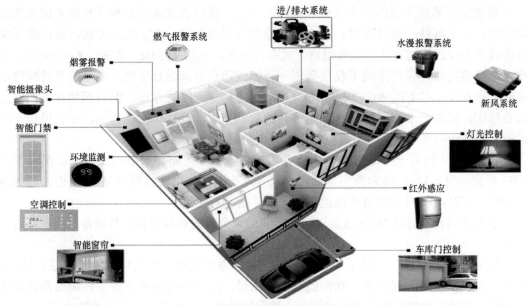

图4-3　智能家居系统中的子系统

统，门内设有出门开关，除此之外，我们还可以使用 App 对其进行控制。智能门禁属于安防系统中的一部分，可以有效防盗，防止陌生人入侵。智能门禁常和摄像头一起使用，当家中有访客到来时，我们可以通过摄像头查看到访人员，使用手机远程开锁。

（3）环境监测

环境监测仪包括温、湿度传感器和空气质量传感器。温、湿度传感器可实时采集室内温湿度，为空调、地暖等设备提供控制依据。空气质量传感器可监测 PM2.5 值，为净化器、电控开窗器提供依据，实现自动换气或去污。

（4）智能窗帘

在繁忙的工作之后，我们回到家已是疲惫不堪，本想好好休息一下，但还要去拉开闭合的窗帘；如果碰到出差，家里又没人把打开的窗帘拉上的话，我们又会担心家中的安全。智能窗帘很好地解决了这些问题，在繁忙的工作后，我们只需按一下 App 上的窗帘控制按钮，就可以打开闭合的窗帘；在外出差，我们只需事先设置窗帘自动闭合的时间，窗帘就会在指定的时间自动闭合。智能遥控窗帘为人们提供宜居生活空间的同时，也优化了人们的生活方式，帮助人们有效地安排时间，增强了家居生活的安全性。

（5）红外感应

红外报警器采用的是热释电红外传感器，热释电红外传感器利用专用晶体材料产生的热释电效应来检测红外线辐射的变化。红外感应通过检测红外线辐射的变化来实现检测人体运动的目的。产品的主要应用领域为家电、玩具、感应门、感应开关、防盗报警、感应灯具等。

1）感应开关

感应开关被应用到高性能红外探测器方面，它是利用热释电红外传感器来检测移动人体的红外辐射的，只要人体在其探测范围内横切走过，红外自动开关就会产生电信号，启动负载。

2）防盗报警

无线智能红外探测报警器使用了先进的信号分析处理技术，当入侵者通过探测区域时，探测器将会自动探测区域内人体的活动，如有动态移动现象，它则向控制主机发送报警信号，向 App 发送预警信息。除了预警功能，对于有老人和小孩的家庭，当遇到危险时，他们还可以利用红外报警器及时通知家人进行求救。

3）感应灯具

人来灯亮、人走灯灭是 LED 红外感应最大的特点，开关全自动，杜绝了有人开、无人关的用电浪费现象。相比声光控的灯具而言，感应灯具的抗干扰效果好，不会受到声音的干扰，只感应人体的温度。但在夏天时，它的灵敏度会降低一点，环境的温度与人体的温度越相近，感应灯具的灵敏度就越低。红外感应灯具适合安装在卫生间，用户晚上偶尔起床时，灯自动点亮，免除用户频繁开关电灯和强光刺眼的问题，它是现代家居不可或缺的新型节能产品。

（6）灯光控制

智能灯具的应用场景较多，客厅、卧室、厨房、餐厅、卫生间、书房等各个房间都能看见它的身影。它既可以实现单一控制，也可以实现组合控制。例如，晚上下班回到家，我们可以提前使用 App 打开车库和客厅的灯；晚上看书时，我们可以将灯光调节为护眼模式；如果家中有聚会，我们可以根据不同的聚会主题设置灯光主题；对于有小孩的家庭，婴儿夜晚不睡觉，不让关灯，我们可以通过 App 控制，使灯光在婴儿不易察觉的情况下慢慢变暗，逐渐关掉。

我们在离家时要先开灯，再关灯，如果不小心忘了关灯，还得再麻烦一次。有了智能家居，我们就不再有这些麻烦了，智能家居独有的一键控制功能，可以包括多种模式，通过按一个按钮，我们便可打开或关闭一系列的灯光，它有"会客""就餐""离家""影院"等多种模式。

（7）水漫报警系统

水漫传感器其实是利用了水的导电性，当水浸高度接触到传感器的探针时，两个探针形成通路，从而发出警报。当检测到水位高度达到规定高度时，水浸传感器将上报险情，联动网关发出本地声光报警，同时手机 App 推送提醒。它常被放于洗手间、卧室、厨房等存在浸水风险的区域。

（8）燃气报警系统

在现代化的家居生活场景中，人们除了对电有使用需求外，对天然气也有较强的使用需求。虽然它为人们的生活带来便利，但它同时存在安全隐患，天然气不像一氧化碳那样具有毒性，它本质上对人体存在危险，一旦发生燃气泄漏，同样会给人们带来窒息甚至是爆炸的危害。燃气报警器可通过 WiFi 技术连接云平台，并支持手势控制，可实现智能分级报警，还能实现实时燃气、一氧化碳监测和分析，可有效防止误报。当然，用户可通过智能手机下载应用，远程实时监测家中环境，基于网络实现远程报警。

（9）复杂场景

以上是单个智能设备的使用场景，我们在日常生活中，往往需要配合不同设备来实现比较复杂的场景。

例如，清晨，柔和的灯光和音乐把您从梦中唤醒；厨房内，定时控制器早已"命令"微波炉把早餐热好；上班之前，您只要按动 App 上的"离家模式"，家里的电灯和用电设备就全部关上，安全防范系统自动进入警戒状态。

傍晚下班，您在车上根据家中环境监测仪实时上报的数据用 App 打开了客厅的空调和浴室里的热水器，回到家中，您马上可以享受到舒适的室温，并洗上一个舒服的热水澡；晚上，您用家庭影院欣赏最新购买的大片，只要选择预先设置好的"家庭影院模式"，窗帘就会徐徐拉上，灯光自动调节到柔和的亮度，与此同时，电视机、DVD 机进入播放状态；当您准备入睡时，您只需要开启预先设定好的"睡眠模式"，所有的灯都会关闭，窗帘自动闭合，卧室的空调会自动调节为睡眠模式。

除此之外，还有很多可自定义的模式，例如会客模式、休闲模式、健身模式、用餐模式等，不仅如此，您还可以设置触发任务：当温度低于人体适宜温度时，空调自动打开；湿度不够时，加湿器自动打开；PM2.5 超标时，空气净化器自动打开等。

不想当将军的士兵不是好士兵，不想动手的硬件不是好硬件，想不想自己动手开发一个智能设备呢？在接下来几个任务中就跟着 Henry 一起来学习智能家居设备的设计与开发吧！

4.1.3　任务回顾

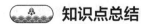 **知识点总结**

1. 智能家居的概念。
2. 智能家居的作用。
3. 智能家居的设计原则。
4. 智能家居的系统架构。
5. 智能家居的场景设计。

学习足迹

任务一学习足迹如图 4-4 所示。

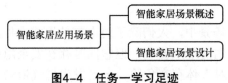

图4-4　任务一学习足迹

思考与练习

1. 请描述什么是智能家居，它的设计原则是什么？

2. 一个完整的智能家居系统需要有 _____、_____、_____、_____。

3. 举例说出智能家居中常用的子系统有哪些？

4. 请设计 3 个以上家居场景，可以是触发任务，也可以是定时任务。

4.2　任务二：智能吸顶灯开发

【任务描述】

灯饰作为现代家庭装饰的重要组成部分，不仅照亮我们温暖的家庭，五彩斑斓的灯光更烘托不同的空间氛围，为居室增添光彩。因物联网概念的火热，智能家居被推到了一个新的高度，灯具的智能化也在所难免。本次任务的目的是在项目 3 的任务三的手机远程控制 LED 的基础上进行扩展，使得普通家用的吸顶灯变为智能吸顶灯，并可以通过手机被远程控制。

4.2.1　智能吸顶灯简介

吸顶灯是灯具的一种，顾名思义是由于灯具上方较平，安装时底部完全贴在屋顶上，因此被称为吸顶灯。光源有普通白灯泡、荧光灯、高强度气体放电灯、卤钨灯、LED 等。目前市场上最流行的吸顶灯就是 LED 吸顶灯，它是家庭、办公室、文娱场所等经常选用的灯具。

智能吸顶灯就是将吸顶灯智能化，使其既可以通过原有的开关、遥控器被控制，也可以通过手机被远程控制。远程控制，即通过 App 为吸顶灯配网，使其具有联网功能，然后以云后台为媒介，实现 App 控制灯的开关。除此之外，我们还可以进行定时开关灯的控制：每周可以设定不同的时间开灯 / 关灯；可以是触发的，例如，人来灯亮，人走灯灭；也可以设置不同场景，例如，夜晚回家设置车库、客厅的灯亮起，晚上睡觉，设置所有的灯关闭等。

灯具在家庭生活中扮演着非常重要的角色，它也是智能家居场景中重要的组成部分。其开发起来相对简单，效果也更直观，是我们首选的智能家居设备。接下来，我们将在手机远程控制 LED 灯的基础上对其进行改造。

为何称之为改造呢？

首先，两者的控制原理是相同的；其次，联网功能、MQTT 发布订阅功能也是相同的。那不同的是什么呢？

一般情况下，LED 灯的电压范围与开发平台相匹配，且 LED 灯的电流很小，不会超过 GPIO 的驱动电流，因此，我们可以直接使用 GPIO 来控制 LED 灯的点亮与熄灭。

本次我们所改造的智能吸顶灯是基于 NodeMcu 平台开发的，NodeMcu 平台的核心是 ESP8266 芯片，我们在其芯片手册上可以找到关于 GPIO 电器特性的描述，如图 4-5 所示。

参数		条件	最小值	典型值	最大值	单位
存储温度范围		—	–40	正常温度	125	℃
最大焊接温度		IPC/JEDEC J-STD–020	—	—	260	℃
工作电压		—	2.5	3.3	3.6	V
I/O	V_{IL}/V_{IH}	—	$-0.3/0.75V_{IO}$	—	$0.25V_{IO}/3.6$	V
	V_{OL}/V_{OH}	—	$N/0.8V_{IO}$	—	$0.1V_{IO}/N$	
	I_{MAX}	—	—	—	12	mA
静电释放量（人体模型/HBM）		TAMB=25℃	—	—	2	kV
静电释放量（充电器件模型/CDM）		TAMB=25℃	—	—	0.5	kV

图4-5 GPIO电器特性

图 4-5 是从 ESP8266EX 技术规格中截取的，这里我们只看粗线标示出的参数。GPIO 典型工作电压为 3.3V，最大工作电压为 3.6V，最大电流为 12mA。而一个吸顶灯工作电压为 220V，电流从几百毫安到几安，可见其无论是电压还是电流都不能匹配到 NodeMcu 平台上。因此，相关人员想要控制吸顶灯就需要寻找其他方法，这里我们选择继电器。

4.2.2 智能吸顶灯改造

继电器是一种电控制器件，是当输入量（激励量）的变化达到规定要求时，在电气输出电路中使被控量发生预定的阶跃变化的一种电器。它具有控制系统（又称输入回路）和被控制系统（又称输出回路）之间的互动关系，通常应用于自动化的控制电路中，它实际上是用"小电流去控制大电流"运作的一种"自动开关"。因此，它在电路中起着自动调节、安全保护、转换电路等作用。

1. 继电器模块的组成

一般情况下，继电器需要一些外围电路，图 4-6 中的继电器模块就是由外围电路和继电器组成的一个简单的继电器模块。

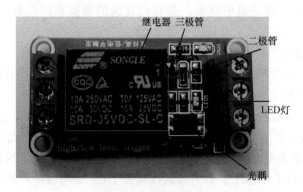

图4-6 继电器模块

三极管：为了进一步提升 GPIO 的驱动能力，或者说为了减少单个 GPIO 的负载，不使用 GPIO 直接来驱动继电器，而是用三极管。

二极管：继电器中的线圈在断电时会产生反向电流，二极管的作用是吸收反向电流。

LED 灯：用于指示继电器的一些状态。

光耦：起到光电隔离的作用。

2. 继电器模块电压、电流标识

"AC"代表交流，"DC"代表直流。常开接口最大负载：交流 250V/10A，直流 30V/10A。很多人可能会有疑问：为什么有交流 250V，还有交流 125V 呢？

这是因为不同的地区的市电电压不同，为了满足不同地区的具体要求，厂商就要生产各种符合当地电源要求的产品，例如：250V AC 适用于电网电压 220V 的地区；125V AC 适用于电网电压 110V 的地区；同理，直流也是如此。

SRD-05VDC-SL-C 代表继电器的型号，工作电压为 DC 5V。

3. 模块接口

DC+：接电源正极（电压按继电器要求，有 5V、9V、12V 和 24V 几种选择）。

DC-：接电源负极。

IN：可以高或低电平控制继电器吸合。

（1）继电器输出端

① NO：继电器常开接口，继电器吸合前悬空，吸合后与 COM 短接。

② COM：继电器公用接口。

③ NC：继电器常闭接口，继电器吸合前与 COM 短接，吸合后悬空。

（2）高低电平触发选择端

① 跳线与 LOW 短接时为低电平触发。

② 跳线与 HIGH 短接时为高电平触发。

4. 接线

如图 4-7 所示，继电器线圈没有电压时，继电器没有吸合，公共端与常闭端接通。当有电压时，继电器吸合，公共端与常开端接通。

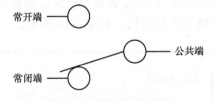

图4-7　继电器开关说明

继电器模块的接线方式如图 4-8 所示。

图 4-9 中受控设备就是吸顶灯，当信号触发端有高 / 低电平时（按设置功能），继电器吸合，相当于开关闭合，此时电路接通，设备将有电正常工作。

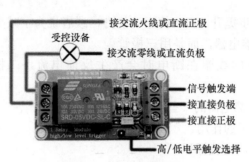

图4-8　接常开端接法

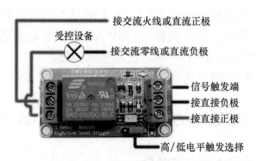

图4-9　接常闭端接法

当信号触发端有高 / 低电平信号时（按设置功能），继电器吸合，相当于开关由原来接通变为断开，此时设备将断电停止工作。

至此，智能吸顶灯的电路改造就完成了。在改造过程中，我们一定要注意用电安全，因为我们需要接入的是 220V 高电压。

4.2.3　智能吸顶灯应用

硬件改造完毕后，我们就开始编写程序，智能吸顶灯的程序设计和手机控制 LED 的程序是相同的，读者可参考项目 3 的任务三，此处不做重复讲解。这里我们着重讲解一下如何使用云平台或手机控制吸顶灯。

首先，登录华晟物联云主页，完成注册以及登录。选择设备管理→设备模板，然后单击"新建"来创建一个智能吸顶灯模板，如图 4-10 所示。

图4-10　新建模板

填入图 4-11 所示模板信息，带标记"*"的为必填项。

图4-11 模板信息

单击"保存"后，得到了一个智能吸顶灯模板，如图 4-12 所示。

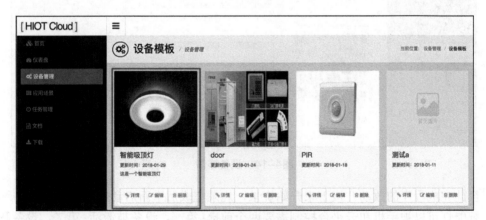

图4-12 创建智能吸顶灯模板

选择设备管理→设备列表，选择新增设备的数量，选择"智能吸顶灯"，生成设备，如图 4-13 所示。

单击"查看"，我们可以查看设备的详细信息，还可以创建数据通道，如图 4-14 所示。

我们创建一个双向的布尔型开关通道，在设备通道列表的下方会生成两个上下通道。在这里，有 3 个重要的 UUID 将作为发布订阅的 topic，如图 4-14 所示，我们将其复制，替换手机控制 LED 代码中的 UUID 即可。

图4-13　生成智能吸顶灯设备

图4-14　设备详情

至此完成程序的改动。接下来开始烧录，烧录完成后重新启动模块，等待被接入。

智能灯可以被手机和云平台控制需要两个前提：第一，设备被激活；第二，设备联网，发布上线。

激活的方式有以下两种。

第一种，我们使用 App 扫描设备二维码绑定设备，如图 4-15 所示，激活设备。

第二种，我们可通过云平台的设备详情，选择"激活"或"未激活"，手动激活设备，如图 4-16 所示。

激活之后，进行设备联网，获取到 IP 之后，证明联网成功，如图 4-17、图 4-18 所示。联网之后，设备发送第一条"上线消息"，证明设备可以将数据上传到服务器了。

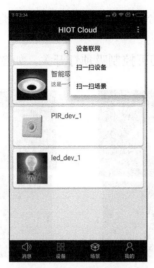

图4-15　绑定设备

图4-16　设备激活成功

图4-17　设备联网

图4-18　联网成功

接下来，使用 App 和云平台两种方式控制智能吸顶灯。

（1）App 控制

点开智能吸顶灯详情，我们可控制吸顶灯开关，如图 4-19、图 4-20 所示。

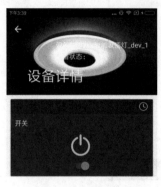 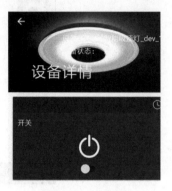

图4-19　控制开　　　　　　　　　图4-20　控制关

单击"开关通道"右上角的"时间"图标，可查看历史数据。图 4-21 所示的是向上通道的历史数据，此时最新的状态是"关"。

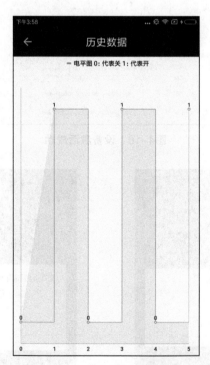

图4-21　向上通道历史数据

（2）云平台控制

单击通道列表中"类型"图标，如图 4-22 中粗框区域，我们可查看通道的历史数据，也可模拟数据的下发和上传。

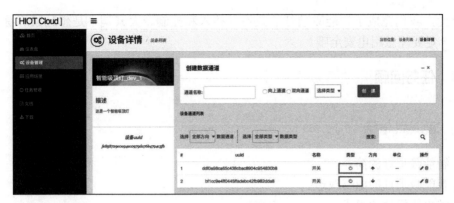

图4-22 设备控制入口

数据下发如图 4-23 所示。

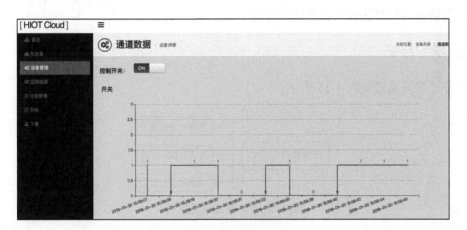

图4-23 数据下发

数据上传如图 4-24 所示。

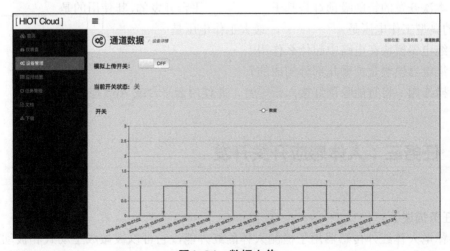

图4-24 数据上传

至此，我们完成了智能吸顶灯的改造、接入和控制。大家是不是想赶紧练练手呢？那么，一定要注意用电安全哦！

4.2.4　任务回顾

知识点总结

1. 智能吸顶灯的简介。
2. 智能吸顶灯的电气改造。
3. 继电器模块的组成。
4. 继电器模块的接口。
5. 继电器模块的接线。
6. 智能吸顶对接云平台并实现控制。

学习足迹

任务二学习足迹如图 4-25 所示。

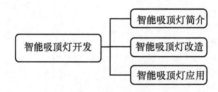

图4-25　任务二学习足迹

思考与练习

1. 本次开发的智能吸顶灯是基于_____平台开发的,其使用的是_____芯片,GPIO 的典型工作电压是_____,最大工作电压是_____。
2. 继电器模块在电路中起什么作用？
3. 继电器模块是由哪几部分构成的？
4. 操作题：将智能吸顶灯接入云平台，并使用云平台或 App 控制。

4.3　任务三：人体感应开关开发

【任务描述】

热释电人体红外传感器用于检测人体的红外能，它可以被做成主动式和被动式的人体传感器，广泛用于智能家居领域，主要应用在智能照明、智能安防、智能迎宾等方面。

其中，智能照明包括感应开关和感应灯具；智能安防主要体现在防盗报警；智能迎宾适用于办公楼、商铺等的自动门。本次任务三的目的是改造普通的人体感应开关，使之成为智能人体感应开关。

4.3.1 人体感应开关简介

1. 什么是人体感应开关

随着社会的发展，各种人工智能自动控制系统进入了人们的生活，以热释电红外传感器为核心的人体感应开关就是其中之一。

人体感应开关又名红外智能开关、热释人体感应开关，它是一种自动识别人类是否存在而改变开关状态的开关。人体感应开关是根据红外感应的原理制成的，它能识别人类发出的特定波长的红外线，具有结构简单、性能好、精度高等特点。

2. 人体感应开关原理

人体感应开关的主要元件是人体热释电红外传感器，如图4-26所示。由于人体的体温是恒定的，因此其释放出的红外线波长也是一定的。红外传感器的探头接收到人类释放的红外线时，会通过菲涅尔镜片将这些红外线聚焦在热释电元器件上，该元器件上的电荷平衡被打破，向外释放电荷，红外传感器所连接的电路通过检测元器件的电荷得知有人存在，就控制开关处于"开"的状态，完成人体感应。当人离开一段时间后，开关会持续处于"开"的状态，而超过设定的延时时间后，红外传感器感应不到人的存在，将开关状态切换为"关闭"。

图4-26 热释电红外传感器

3. 人体感应开关应用场景

① 用于会议室、办公区、洗手间、地下室。它可以做到人来灯亮、人离灯灭，极大地避免了能源浪费，也为大家省去忘记关灯的烦恼。

② 用于消毒房。人来时自动关掉消毒设备，人走时又自动开启消毒设备，为大家的健康保驾护航。

③ 用于酒店、宾馆等。它取代现有的插卡取电，还可以监控房间的动态，人来时自动开启电源，人走时自动关闭总闸，人性化十足。

④ 用于卧室。它可以慢慢地将灯调暗直至关掉，也可以慢慢地将灯调亮。

⑤ 用于空调。当我们晚上睡着后，或者白天出门后，忘记关空调，它会"监视"这一切，并发信号给空调，使之关机。

⑥ 用于学校和小区的走廊、车库。它可以做到人来时全亮，人走时半亮，在保证安全的前提下，又极大地节约了能源。

4. 安装注意事项

感应开关是通过检测人体红外线来工作的，它一般被安装在室内。人体感应开关的误报率与安装位置和方式有极大的关系，人体感应开关安装应该注意以下几点：

① 安装时请勿带电操作，等安装完成后再加电；

② 请勿超功率使用；

③ 顶装的人体感应开关离地面不宜过高，最好控制在2.4~3.1 m。而墙装人体感应开关则可以安装在原开关的位置，直接替换原开关即可；

④ 安装人体感应开关时，应该远离暖气、空调、冰箱、火炉等空气温度变化和温度敏感的地方；

⑤ 感应开关探测范围内不得有隔屏、家具、大型盆景或其他隔离物；

⑥ 开关不要直对窗口，防止窗外的热气流扰动和人员走动而引起误报；

⑦ 开关不要安装在门口、风道等有强气流活动的地方。

4.3.2 人体感应开关开发

传统的照明系统虽然结构简单、售价低廉、安装使用方便，但随着技术的进步，人民生活水平的提高，这种照明系统暴露出来许多不足。主要表现在以下几个方面。

① 手动开关。在漆黑的环境中我们不得不摸索电灯开关，手动开关特别是给老人、儿童的生活带来很多不便。

② 电能浪费严重。特别是在学校、工厂等集体生活的地方，照明灯经常在光线充足的白天也开着，这不仅浪费电能，而且也会造成灯泡被烧坏，若不能及时修理又会产生其他不便。

随着传感器技术的快速发展，人们越来越倾向于自动控制照明设备，因此，人体感应开关势必成为智能家居中必不可少的一部分，接下来，我们学习如何改造传统的灯具开关，使之成为人体感应开关。

常见的人体感应开关如图4-27所示。图4-27左侧是外观，右侧是细节，我们可以看到背面印有人体感应开关的型号、工作电压、负载功率和接线方式。开关有3个接线孔，左边的孔接灯具，中间的孔没有作用，可忽略，右边的孔接火线。

图4-27 人体感应开关

人体感应开关就像普通开关一样串联在电路中，当开关感应到人体时，开关导通，进而导通整个电路。图 4-28 所示为常规的人体感应开关的应用接线图，我们可以按照此简图安装。

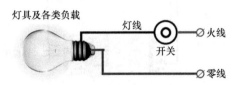

图4-28 人体感应开关应用接线

本次我们改造的人体感应开关的工作电压为 220V，使用的是交流电，ESP8266 网关上的各种外设均无法直接采集，需要转换成能够直接采集的变量。转换的方案有多种，我们选择的方案是采用电压互感器模块转换 220V 交流电。电压互感器如图 4-29 所示。

图4-29 电压互感器

电压互感器（Potential transformer，PT）和变压器类似，它是用来变换线路上的电压的仪器。它主要是用来给测量仪表和继电保护装置供电，用来测量线路的电压、功率和电能，或者用来当线路发生故障时保护线路中的贵重设备、电机和变压器，因此电压互感器的容量很小，一般都只有几伏安、几十伏安，最大也不超过一千伏安。如图 4-29 所示，ZMPT101B 是固定比例的变压器，变压器右侧是采样电路，包含采样部分和放大输出两部分。

> **【想一想】**
>
> 电压互感器和变压器都有改变电压的功能，二者有什么区别呢？

电压互感器如何转化 220V 交流电压呢？

按照图 4-30 所示将电压互感器与电灯并联在一起，或者不要电灯直接作为负载接入电路。电压互感器感应到人体后电路导通，接入互感器端的电路有电压输入，然后经过采样放大后会输出一个正弦波。正弦波在经过整流桥后，会输出一个直流电压。我们通过调节互感器上 R8 电组下的电位器，来控制最终输出电压的大小，将电压调制 3.3V 左右，然后再通过 GPIO 进行采集。

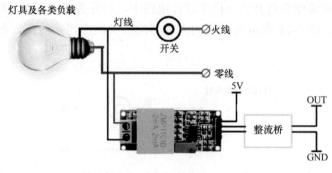

图4-30　连线图

【知识拓展】

整流桥的作用是将交流电转换为直流电。整流桥是通过二极管的单向导通原理来完成整流的，因此将其接入交流电路时，它能使电路中的电流只按单向流动，即所谓"整流"。

4.3.3　人体感应开关驱动编写

在项目3的基础上，我们已经搭建好了开发环境，并实现了手机远程控制LED，相信大家已经对联网配置、MQTT配置、云平台的使用有所了解了。接下来，我们在此基础上编写人体感应开关的驱动。

首先，复制项目3中的ESP8266_SmartConfig工程并将其重命名为"ESP8266_PIRSensor"，然后导入项目，在App → user_driver和App → include → user_driver中分别添加PIRSensor.c和PIRSensor.h文件，如图4-31所示。

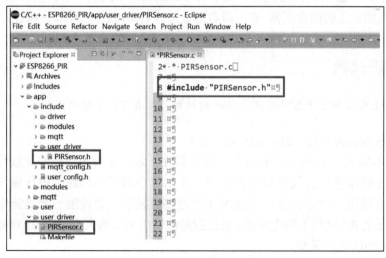

图4-31　添加驱动文件

　　本次开发选择 GPIO4 作为热释电传感器的驱动 I/O，我们打开 PIRSensor.h 头文件，添加 GPIO 的宏定义，并添加函数声明 PIRSensor_Init(void *GPIO_ISR_Handler)，函数参数为 GPIO 终端服务函数，具体代码如下：

【代码 4-1】　App/include/user_driver/PIRSensor.h

```
#ifndef App_INCLUDE_USER_DRIVER_PIRSENSOR_H_
#define App_INCLUDE_USER_DRIVER_PIRSENSOR_H_
//GPIO 宏定义
#define PIRSENSOR_MUX                    PERIPHS_IO_MUX_GPIO4_U
#define PIRSENSOR_FUNC           FUNC_GPIO4
#define PIRSENSOR_NUM                4
// 声明 PIRSensor_Init 函数
void PIRSensor_Init(void *GPIO_ISR_Handler);
#endif /* App_INCLUDE_USER_DRIVER_PIRSENSOR_H_ */
```

　　下一步将在 PIRSensor.c 中实现该函数。我们打开 PIRSensor.c 文件，添加 void 函数 PIRSensor_Init(void *GPIO_ISR_Handler)，并添加其他引用到的头文件，具体代码如下：

【代码 4-2】　App/user_driver/PIRSensor.c

```
#include "PIRSensor.h"
#include "eagle_soc.h"
#include "gpio.h"
#include "ets_sys.h"
#include "exti.h"
/**
 **************************************************************
 * @brief        GPIO 初始化函数
 * @param        [in]   GPIO 中断服务函数
 * @return       void
 * @note         None
 **************************************************************
 */
void PIRSensor_Init(void *GPIO_ISR_Handler)
{
  // 设置 GPIO 4 为 GPIO 功能（GPIO 有其他复用功能，例如 SPI，UART）
  PIN_FUNC_SELECT(PIRSENSOR_MUX, PIRSENSOR_FUNC);
  // 设置 GPIO 4 为输入模式
  GPIO_DIS_OUTPUT(PIRSENSOR_NUM);
  // 关中断
  ETS_GPIO_INTR_DISABLE();
  // 设置中断服务函数
    GPIO_INTR_ATTACH( GPIO_ISR_Handler, NULL, PIRSENSOR_NUM );
    // 设置中断类型双边沿中断
    gpio_pin_intr_state_set( GPIO_ID_PIN( PIRSENSOR_NUM ),
                            GPIO_PIN_INTR_ANYEDGE );
    // 清除该引脚的 GPIO 中断标志
    GPIO_REG_WRITE( GPIO_STATUS_W1TC_ADDRESS, BIT(PIRSENSOR_NUM) );
    // 开中断
```

```
    ETS_GPIO_INTR_ENABLE();
}
```

我们打开 user_main 文件，添加 PIRSensor.h 头文件引用，然后添加 void PIRSensor_
handle(void) 函数，此函数是 GPIO 中断服务函数，具体代码如下：

【代码 4-3】 App/user/user_main.c

```
#include "PIRSensor.h"
//……
/**
 ********************************************************************
 * @brief        GPIO 中断处理函数
 * @param        [in/out]    void
 * @return       void
 * @note         None
 ********************************************************************
*/
void PIRSensor_handle(void)
{
    // 读取 GPIO 中断状态
    u32 gpio_status = GPIO_REG_READ( GPIO_STATUS_ADDRESS );
    // 关闭 GPIO 中断
    ETS_GPIO_INTR_DISABLE();
    // 清除 GPIO 中断标志
    GPIO_REG_WRITE( GPIO_STATUS_W1TC_ADDRESS, gpio_status );
    // 检测是否已开关输入引脚中断
    if ( gpio_status & BIT( PIRSENSOR_NUM ) )
    {
        if( GPIO_INPUT_GET(PIRSENSOR_NUM) != 0 )
        {
    // 检测到有人或动物
    os_printf("someone is here\n");
        }
        else
        {
    // 人或动物离开了
    os_printf("No one is here\n");
        }
    }
    // 开启 GPIO 中断
    ETS_GPIO_INTR_ENABLE();
}
```

然后在 void user_init(void) 函数中调用 PIRSensor_Init(PIRSensor_handle) 函数，具体
代码如下：

【代码 4-4】 App/user/user_main.c

```
//……
 void user_init(void)
{
//……
```

```
    PIRSensor_Init(PIRSensor_handle);
    //……
}
```

编译程序之后，我们把编译好的固件烧入 ESP8266 模块内，然后重启模块，打开串口。当我们把手伸到热释电传感器前面时，我们可以看到串口提示"someone is here"，把手拿开后串口输出"No one is here"，如图 4-32 所示。

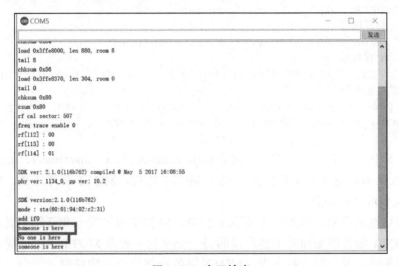

图4-32　串口输出

至此，我们完成了驱动编写，接下来，我们使用 MQTT 协议发布 / 订阅消息。

4.3.4　MQTT数据发布

在 App → include → mqtt 文件夹下添加 user_mqtt.h 文件，在 App → mqtt 文件夹下添加 user_mqtt.c 文件，并在 user_mqtt.c 文件中添加对 user_mqtt.h 的引用，如图 4-33 所示。

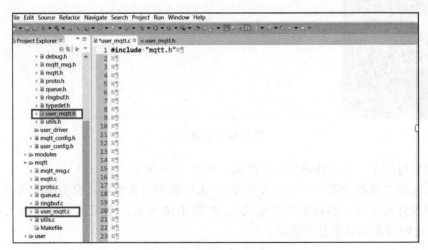

图4-33　新建user_mqtt文件

我们在 user_mqtt.h 中添加所需的头文件，然后声明了 3 个函数，具体代码如下：

【代码 4-5】 App/include/mqtt/user_mqtt.h

```
#ifndef _USER_MQTT_H_
#define _USER_MQTT_H_
#include "c_types.h"
#include "mqtt.h"
//MQTT 连接
void ICACHE_FLASH_ATTR mqtt_connect(void);
//MQTT 断开连接
void ICACHE_FLASH_ATTR mqtt_disconnect(void);
//MQTT 配置功能
void ICACHE_FLASH_ATTR mqtt_config(MqttDataCallback dataCb);
//MQTT 发布消息
void ICACHE_FLASH_ATTR mqtt_Publish(const char* topic, const
char* data, int data_length, int qos, int retain);
#endif
```

代码 4-5 中声明了 4 个函数，分别是 mqtt_connect、mqtt_disconnect、mqtt_config 和 mqtt_Publish 函数，这 4 个函数分别实现了 MQTT 连接、MQTT 断开连接、MQTT 配置和 MQTT 发布消息的功能。

在实现这些函数前，我们需要先获取主题，MQTT 通过发布和订阅主题的形式来传输消息。MQTT 服务器是相对于客户端的另一个角色。要做 MQTT 通信就需要有 MQTT 客户端和服务器，并且约定好主题。MQTT 服务器使用华晟物联网云平台，而主题名是任意的，这里采用 UUID 来作为主题名。

首先，登录华晟物联网云平台主页，完成注册以及登录。选择设备管理→设备模板，然后单击"新建"来创建一个人体感应开关模板，如图 4-34 所示。

图4-34 设备模板

创建后得到了一个人体感应开关模板，如图 4-35 所示。

然后选择"设备管理"→"设备列表"，选择新增设备数量，设备模板选择之前创建的人体感应开关模板，然后单击"生成"，如图 4-36 所示，就可以生成一个人体感应开关设备。此时设备的状态是未激活。

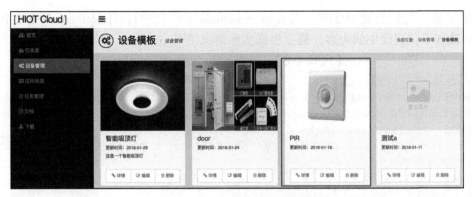

图4-35　人体感应开关模板

图4-36　生成设备

单击"操作"中的"✐"图标可以根据提示完成激活。然后单击"查看",进入设备详情。

进入设备详情之后,我们要为设备创建通道,我们约定通道的 UUID 作为主题。向上通道指的是发布,向下通道指的是订阅。我们来创建一个通道,填写通道名称,选择"向上通道",类型选择"布尔型",单击"创建"即可创建一个向上通道,如图 4-37 所示。在此信息页我们可以看到设备的 UUID 以及通道 UUID(主题名)。

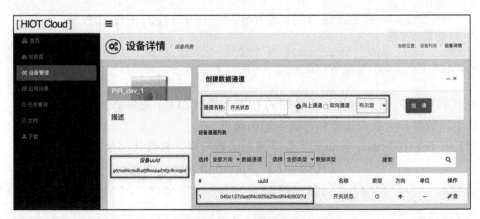

图4-37　生成通道

接下来，我们配置 MQTT。在 App → include 文件夹中打开 mqtt_config.h 文件，添加或修改如下代码段中的内容，需要根据实际情况填写。

【代码 4-6】 App/include/mqtt_config.h

```
#ifndef __MQTT_CONFIG_H__
#define __MQTT_CONFIG_H__
#define CFG_HOLDER    0x00FF55A4   /* Change this value to load
default configurations */
#define CFG_LOCATION 0x79  /* Please don't change or if you know
what you doing */
#define MQTT_SSL_ENABLE
/*DEFAULT CONFIGURATIONS*/
#define MQTT_HOST                 "192.168.14.127" //or "mqtt.
yourdomain.com" // 服务器 IP 地址
#define MQTT_PORT                 1883                // 服务器端口号
#define MQTT_CLIENT_ID            "DVES_%08X"
#define MQTT_USER                 "device"    // 服务器用户名
#define MQTT_PASS                 "device"    // 服务器密码
#define SUB_TOPIC_COUNT     2           // 订阅主题数量
#define PUB_TOPIC_COUNT     2           // 发布主题数量
#define UUID_LENGTH         33          // 主题名长度
#define MQTT_BUF_SIZE             1024
#define MQTT_KEEPALIVE            120     /*second*/
#define STA_SSID "DVES_HOME"
#define STA_PASS "yourpassword"
#define STA_TYPE AUTH_WPA2_PSK
#define MQTT_RECONNECT_TIMEOUT    5       /*second*/
#define DEFAULT_SECURITY     0
#define QUEUE_BUFFER_SIZE                    2048
#define PROTOCOL_NAMEv31    /*MQTT version 3.1 compatible with
Mosquitto v0.15*/
//PROTOCOL_NAMEv311      /*MQTT version 3.11 compatible with
https://eclipse.org/paho/clients/testing/*/
extern char *device_uuid;
// 存储订阅主题
extern char sub_topic_id[SUB_TOPIC_COUNT][UUID_LENGTH];
// 存储发布主题
extern char pub_topic_id[PUB_TOPIC_COUNT][UUID_LENGTH];
#endif // __MQTT_CONFIG_H__
```

在代码 4-6 中，我们配置了服务器的 IP 地址和端口号，服务器的用户名、密码，订阅、发布的主题数量，主题名长度和存储主题的数组。

然后，我们打开 user_mqtt.c 文件，添加函数实现，具体代码如下：

【代码 4-7】 App/mqtt /user_mqtt.c

```
/******************************************************************
 *
 *****************************************************************/
void ICACHE_FLASH_ATTR
```

```
mqtt_config(MqttDataCallback dataCb)
{
    //MQTT_InitConnection(&mqttClient, sysCfg.mqtt_host, sysCfg.
mqtt_port, sysCfg.security);
    // 初始化 MQTT 连接配置
    MQTT_InitConnection(&mqttClient, MQTT_HOST, MQTT_PORT, 0);
    //MQTT_InitClient(&mqttClient, sysCfg.device_id, sysCfg.mqtt_
user, sysCfg.mqtt_pass, sysCfg.mqtt_keepalive, 1);
    // 初始化 MQTT 客户端配置
    MQTT_InitClient(&mqttClient, "menjin", MQTT_USER, MQTT_PASS,
60, 1);
    MQTT_InitLWT(&mqttClient, device_uuid, "offline", 0, 0); // 遗嘱
    MQTT_OnConnected(&mqttClient, mqttConnectedCb);// 设置连接完成回调
函数
    MQTT_OnDisconnected(&mqttClient, mqttDisconnectedCb);    // 设置
断开连接回调函数
    MQTT_OnPublished(&mqttClient, mqttPublishedCb);// 设置发布回调函数
    MQTT_OnData(&mqttClient, dataCb);        // 设置订阅回调函数
}
```

代码 4-7 是 mqtt_config 函数的实现,该函数完成了 MQTT 的初始化连接配置、初始化客户端配置和回调函数注册等功能。

mqtt_config 函数共注册了 4 个回调函数,分别为 mqttConnectedCb、mqttDisconnectedCb、mqttPublishedCb 和 dataCb,其中前 3 个回调函数,是在当前文件中实现,dataCb 是以函数参数的形式传递过来的。

接下来,我们来看一下 mqttDisconnectedCb 和 mqttPublishedCb 两个回调函数的实现,具体代码如下:

【代码 4-8】App/mqtt /user_mqtt.c

```
/***********************************************************
 * 断开连接的函数
 ***********************************************************/
void ICACHE_FLASH_ATTR
mqttDisconnectedCb(uint32_t *args)
{
   MQTT_Client* client = (MQTT_Client*)args;
   os_printf("MQTT: Disconnected\r\n");
}

/***********************************************************
 * 发布回调函数
 ***********************************************************/
void ICACHE_FLASH_ATTR
mqttPublishedCb(uint32_t *args)
{
   //MQTT_Client* client = (MQTT_Client*)args;
   os_printf("MQTT: Published\r\n");
   }
```

mqttDisconnectedCb 是设置断开连接的函数，mqttPublishedCb 用于设置发布回调函数，mqttDisconnectedCb 和 mqttPublishedCb 函数只打印提示，不做其他操作。

mqttConnectedCb 函数完成主题的订阅，具体代码如下：

【代码 4-9】 App/mqtt /user_mqtt.c

```
/*****************************************************************
 * 主题订阅
 *****************************************************************/
void ICACHE_FLASH_ATTR
mqttConnectedCb(uint32_t *args)
{
  MQTT_Client* client = (MQTT_Client*)args;
  os_printf("MQTT: Connected\r\n");
  // 订阅主题
  MQTT_Subscribe(client, sub_topic_id[0], 0);
  MQTT_Subscribe(client, sub_topic_id[1], 0);
  // 发布上线
  MQTT_Publish(client, device_uuid, "online", 6, 0, 0);
}
```

然后，我们打开 user_main.c 文件，在 user_init 中调用 mqtt_config 函数配置 MQTT，具体代码如下：

【代码 4-10】 App/user/user_main.c

```
void user_init(void)
{
  // 获取 sdk 版本号并通过串口打印出来
  os_printf("SDK version:%s\n", system_get_sdk_version());
  // 设置 WiFi 模式为 station mode
  wifi_set_opmode_current(STATION_MODE);
  PIRSensor_Init(PIRSensor_handle);
  {
  // 初始化按键配置
  single_key[0] = key_init_single( keys_Pin_NUM, keys_Pin_MUX,
                                   keys_Pin_FUNC,
                                            key_LongPressCB,
                                            key_shortPressCB );
  key_param.key_num = 1;
      key_param.single_key = single_key;
      // 初始化按键功能
      key_init( &key_param );
  }
  // 配置 mqtt
  mqtt_config(mqttDataCB);
  // 连接 wifi
  wifi_Connect(wifiConnectCb);
}
```

此时软件会报错，提示找不到 mqttDataCB 函数，然后添加此函数的实现，其具体代码如下：

【代码 4-11】 App/user/user_main.c

```
mqttDataCB(uint32_t *args, const char* topic, uint32_t topic_len,
const char *data, uint32_t data_len)
{
}
```

mqttDataCB 函数是订阅的回调函数，当收到订阅的主题后会调用该函数，本实验不涉及订阅功能，只编写函数体即可。

然后，我们在之前编写的 WiFiConnectCb 函数中调用 MQTT 的连接和断开函数，具体代码如下：

【代码 4-12】 App/user/user_main.c

```
/**
 *****************************************************************
 * @brief        wifi 状态改变回调函数
 * @param        [in]  wifi 连接状态
 * @return       void
 * @note         None
 *****************************************************************
 */
void ICACHE_FLASH_ATTR
WiFiConnectCb(uint8_t status)
{
  if(status == STATION_GOT_IP)
  {
        //mqtt 连接
        mqtt_connect();
        os_printf("Already connected to WiFi\n");
  }
  else
  {
        //mqtt 断开
        mqtt_disconnect();
  }
}
```

当 WiFi 连接成功并获取到 IP 时，我们连接 MQTT 服务器，否则断开连接。我们需要在 user_mqtt.c 中配置 mqtt_connect 和 mqtt_disconnect 这两个函数，具体代码如下：

【代码 4-13】 App/mqtt/user_mqtt.c

```
// 连接 MQTT 服务器
void ICACHE_FLASH_ATTR
mqtt_connect(void)
{
  MQTT_Connect(&mqttClient);
}
// 断开 MQTT 服务器
void ICACHE_FLASH_ATTR
mqtt_disconnect(void)
{
```

```
    MQTT_Disconnect(&mqttClient);
}
```

MQTT 的相关配置完成之后，我们在 PIRSensor_handle 函数中加入发布主题，这样，我们就可以通过发布主题函数，将数据发送给 MQTT 服务器，具体代码如下：

【代码 4-14】 App/user/user_main.c

```
/**
 ****************************************************************
 * @brief        GPIO 中断处理函数
 * @param        [in/out]  void
 * @return       void
 * @note         None
 ****************************************************************
 */
void PIRSensor_handle(void)
{
    // 读取 GPIO 中断状态
    u32 gpio_status = GPIO_REG_READ( GPIO_STATUS_ADDRESS );
    // 关闭 GPIO 中断
    ETS_GPIO_INTR_DISABLE();
    // 清除 GPIO 中断标志
    GPIO_REG_WRITE( GPIO_STATUS_W1TC_ADDRESS, gpio_status );
    // 检测是否已开关输入引脚中断
    if ( gpio_status & BIT( PIRSENSOR_NUM ) )
    {
        if( GPIO_INPUT_GET(PIRSENSOR_NUM) != 0 )
        {
    // 检测到人或动物
    os_printf("someone is here\n");
// 发布主题函数
    mqtt_Publish(pub_topic_id[0], "1", 1, 0, 0);
        }
        else
        {
    // 人或动物离开了
    os_printf("No one is here\n");
// 发布主题函数
    mqtt_Publish(pub_topic_id[0], "0", 1, 0, 0);
        }
    }
    // 开启 GPIO 中断
    ETS_GPIO_INTR_ENABLE();
}
```

我们在前面使用 UUID 描述过主题名，其在生成设备以及生成通道时已经产生，读者到前面描述的设备详情页面可以看到，然后将其复制到程序中来。在 user_mian.c 中添加主题变量的定义，由于没有用到订阅主题，可以为空，具体代码如下：

【代码 4-15】 App/user/user_main.c

```
// 设备 uuid
```

```
char *device_uuid = "f850642bbd4f468b9e8e2b90427360e7";
char sub_topic_id[SUB_TOPIC_COUNT][UUID_LENGTH] ={};
// 发布主题，通道的 uuid
char pub_topic_id[PUB_TOPIC_COUNT][UUID_LENGTH] =
{
        "5da6efdd4250439cbd3ae756e9f4260a",
        "",
    };
```

发布主题只需要用到一个通道，因此只需要填写一个 UUID 就可以了。除了通道，我们还要填上设备的 UUID。至此，程序的编写就结束了。

最后，我们编译程序、烧录、重启设备，联网后就可以把数据发布到 MQTT 服务器了。

4.3.5 人体感应开关应用

人体感应开关 PIR_dev_1 在云平台创建成功的时候，是未激活的状态，如图 4-38 所示。

图4-38 人体感应开关状态

设备只有激活并且联网发布上线之后才可以上传数据，在任务二中我们已经讲过如何使用 App 使设备激活和联网了。

接下来，我们通过云平台和 App 来看一下设备上传的数据。

1. 云平台

点开人体感应开关的设备详情，如图 4-39 所示，我们可以看见有一个方向向上的布尔类型的通道，我们单击"⏻"图标，进入通道详情页面，如图 4-40 所示。

图4-39 设备详情

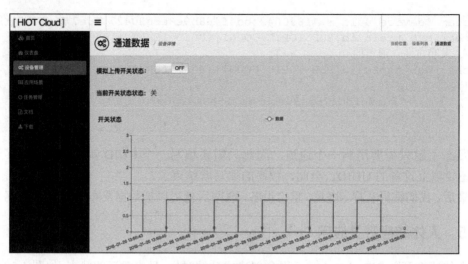

图4-40　通道详情

　　我们可以通过波形图看到感应开关上传的数据，也可以模拟上传开关状态，当前显示的状态是"关"。

2. 通过 App 查看

　　单击"设备列表"，如图 4-41 所示，进入设备详情，如图 4-42 所示，我们可以看到"开关状态"通道。该通道是向上的布尔型，不可控制，当前的状态是"关"。点开右上角的"⏱"图标，进入通道详情，我们可通过左右滑动查看历史数据，如图 4-43 所示。单击"坐标点"，我们可以查看上传数据的时间点。

图4-41　设备列表

图4-42　设备详情

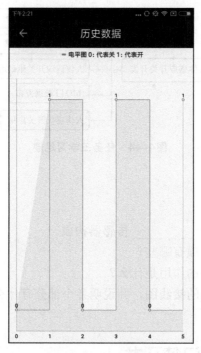

图4-43 历史数据

至此，人体感应开关的设计、开发、对接就全部完成了。大家赶快来动手实践一下吧！

4.3.6 任务回顾

知识点总结

1. 人体感应开关原理。
2. 人体感应开关应用场景。
3. 人体感应开关安装注意事项。
4. 交流电压互感器作用。
5. 整流桥作用。
6. 人体感应开关接线。
7. 人体感应开关驱动开发、烧录。
8. MQTT 配置、发布、订阅。
9. 对接云平台，查看开关状态。

学习足迹

任务三学习足迹如图 4-44 所示。

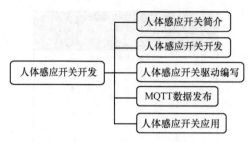

图4-44 任务三学习足迹

思考与练习

1. 人体感应开关主要由 _____ 传感器构成。

2. 人体感应开关安装事项有哪些？

3. 电压互感器和整流桥的作用是什么？

4. 请绘制人体感应开关的接线图，并说明各个部分有什么作用？

4.4 任务四：智能门禁开发

【任务描述】

电磁门禁在生活中十分常见，其形式和功能也是五花八门。随着物联网技术的发展，具有联网功能的智能门禁越来越普及。对于那些不具有联网功能的门禁，我们可以通过升级改造使其具有联网功能。智能门禁相对于普通门禁更安全、方便、更易管理，我们还可以通过其查看出入记录。任务四的目的就是开发智能门禁。

4.4.1 智能门禁简介

1. 智能门禁安全管理系统

智能门禁安全管理系统是新型现代化安全管理系统，集微机自动识别技术和现代安全管理措施为一体，涉及电子、机械、光学、计算机技术、通信技术、生物技术等诸多新技术，是在重要部门出、入口实现安全防范管理的有效措施。

随着人们对品质生活追求的逐步提升，人们对门禁的要求不仅限于单一的出入控制，手机门禁将门禁系统与智能技术以及现实生活中各种各样的应用良好地结合，使各产业在发展应用中产生更大的经济效益与社会效益，其由于安全、便捷、智能、高效的特点被各行各业广泛应用。

2. 应用场景

目前，智能门禁的产品广泛应用于企业、学校、医院、政府、银行、商业区、住宅社区等各个领域。

（1）智能门禁在公司办公中的应用

在公司大门上安装智能门禁可以有效地阻止外来人员进入公司，保证公司员工的人身及财产的安全。公司的大门上安装智能门禁可便于公司的管理，提高企业形象。

在技术开发部门安装智能门禁系统，可以保障核心技术资料不被人轻易窃取。

在财务部门上安装智能门禁系统，可以保障财物的安全以及公司财务资料的安全。

在生产车间大门上安装智能门禁系统，可以有效地阻止非本车间人员随意进入生产车间，造成安全隐患。

（2）智能门禁在智能化小区出入管理控制中的应用

一般在小区大门、栅栏门、电动门、单元的铁门、防火门、防盗门上安装智能门禁系统，该智能门禁系统可以有效地阻止非本小区人员进入小区，保障小区安全，改变小区保安只凭记忆来判断人员是否是外来人员的不可靠的管理方式。联网型的门禁有利于相关人员实时监控各大门的进出情况，如果有事故和案件发生，系统可以提供有效的法律证据。

（3）智能门禁在政府办公机构中的应用

智能门禁安装在政府办公机构可以阻止不法人员进入且攻击政府办公部门，保护员工的人身安全。

（4）智能门禁在医院的应用

智能门禁安装在医院可以阻止外来人员进入传染区域和放置精密仪器的房间。

4.4.2 电磁门禁电气改造

1. 电磁门禁介绍

电磁门禁的设计和电磁铁一样，是利用电生磁的原理，当电流通过硅钢片时，电磁锁会产生强大的吸力紧紧地吸附铁板达到锁门的效果。只需小小的电流，电磁锁就会产生较强的磁力，电磁锁电源被门禁系统识别后立即断电，电磁锁失去吸引力即可开门。图4-45为电磁门禁及安装示意。

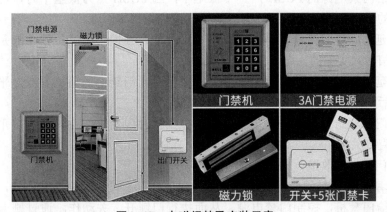

图4-45 电磁门禁及安装示意

图4-45是本次改造选择的电磁门禁，通过图4-45我们可以看出其包含以下4部分组件。

① 门禁机：它实现了刷卡及密码开门以及一些设置功能。

② 门禁电源：它为磁力锁供电。

③ 磁力锁：它是电磁门禁的机械部件，实现锁门及开门功能。

④ 出门开关：它被用于出门时开锁。

图 4-46 展示了该门禁的接线示意。

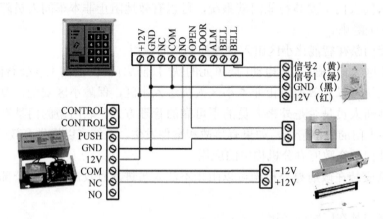

图4-46　门禁接线示意

我们按照图 4-45、图 4-46 的安装示意即可完成门禁的安装。我们在进行改造之前需要先研究一下门禁的控制原理。

2. 电磁门禁工作原理

门禁最核心的功能是开锁和关锁，且有常开、常关两种形式。这两种功能都可以通过开关和门禁机控制实现。

以开关控制为例，当开关被按下时，门禁机获得一个低电平信号，系统根据低电平信号持续的时间长短来决定是开锁后延时关锁还是保持常开。当需要开锁时，门禁机会拉低电平，给门禁电源的 PUSH 点一个低电平，当 PUSH 点为低电平时，门禁电源会断开给电磁锁的供电，从而实现开锁。门禁机开锁也是相同原理。

开锁后延时关锁还是常开是由门禁机来实现的，开锁后延时关锁功能是由门禁通过实时采集电信号来实现的。

开锁后延时关锁是门禁机给门禁一个触发信号，门禁电源检测到低电平后开锁，然后延时，最后关锁。

常开是门禁机给门禁一个低电平，当需要关锁时门禁机产生一个高电平，门禁电源不再延时而直接关锁。

3. 电磁门禁电气改造

图 4-47 所示为门禁的信号流，物理开关和门禁机都可以发出开关信号，物理开关发出开锁信号给门禁机，控制门禁电源，从而执行门锁开、关动作。通过刷卡或密码的方式也可给门禁机发出开、关锁信号，控制门锁的开、关动作。

门禁机在被改造时需要引入智能模块或者智能平台，智能模块需要接入门禁机，并检测门禁机发出的信号，通过信号传输达到智能化控制的目的。

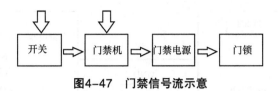

图4-47 门禁信号流示意

将智能模块接入到门禁控制系统如图4-48所示。

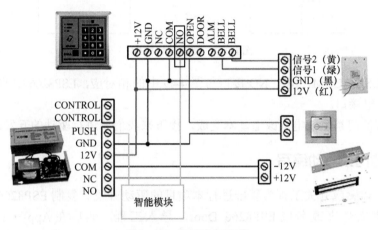

图4-48 门禁电气改造一

当电源系统为220V供电时，我们可按图4-48的方式进行改造，门禁机产生电压触发信号后传递给智能模块，控制门禁电源，从而执行门锁开、关动作。

当电源系统为12V供电时我们可按方案二进行改造，如图4-49所示。使用智能模块替代门禁电源，我们需要注意的是，触发信号需要经过电压转换后才能提供给智能模块。

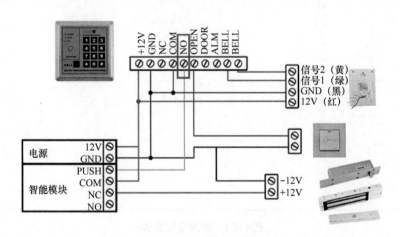

图4-49 门禁电气改造二

智能模块是由ESP8266模块和继电器模块两部分构成的，如图4-50所示。

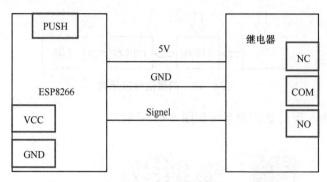

图4-50　智能模块框图

其中，PUSH、COM、NC、NO 接口与图 4-49 中的相对应，ESP8266 中的 VCC、GND 为智能模块供电接口。

至此，智能门禁系统电气改造基本完成，接下来我们要进行驱动的开发。

4.4.3　智能门禁驱动编写

我们以人体感应开关工程为基础进行本项目的驱动开发。复制 ESP8266_ PIRSensor 工程，把工程文件夹改名成 ESP8266_Door，导入工程。然后在 App → user_driver 和 App → include → user_driver 中分别添加 door.c 和 door.h 文件，如图 4-51 所示。

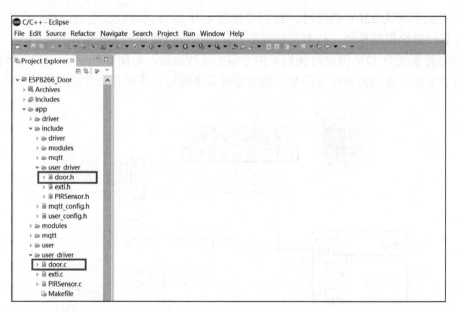

图4-51　添加驱动文件

接下来，我们编写驱动程序。首先，我们打开 door.h 文件，添加两个 GPIO 的宏定义，一个 GPIO 用于 PUSH 信号采集，另一个用于继电器驱动，从而控制门锁的开关。Door_ init 函数用于初始化 GPIO，函数参数为 GPIO 终端服务函数，具体代码如下：

【代码 4-16】 App/include/user_driver/door.h

```
#include "exti.h"
#ifndef App_INCLUDE_USER_DRIVER_DOOR_H_
#define App_INCLUDE_USER_DRIVER_DOOR_H_
// PUSH 信号采集 GPIO
#define PUSH_MUX                  PERIPHS_IO_MUX_SD_DATA2_U
#define PUSH_FUNC                 FUNC_GPIO9
#define PUSH_NUM                  9
// 继电器控制信号，控制门锁开关
#define DOOR_MUX                  PERIPHS_IO_MUX_GPIO5_U
#define DOOR_FUNC                 FUNC_GPIO5
#define DOOR_NUM                  5
#define OPEN_DOOR                 GPIO_OUTPUT_SET(DOOR_NUM, 0)
#define CLOSE_DOOR                GPIO_OUTPUT_SET(DOOR_NUM, 1)
extern void Door_init(void *GPIO_ISR_Handler);
#endif /* App_INCLUDE_USER_DRIVER_DOOR_H_ */
```

下一步将在 door.c 中实现该函数，我们打开 door.c 文件，添加 Void Door_init (void *GPIO_ISR_Handler) 函数实现，并添加其他引用到的头文件，具体代码如下：

【代码 4-17】 App/user_driver/door.c

```
#include "door.h"
#include "eagle_soc.h"
#include "gpio.h"
#include "ets_sys.h"
void Door_init(void *GPIO_ISR_Handler)
{
    // 设置该管脚功能为 GPIO
    PIN_FUNC_SELECT(DOOR_MUX, DOOR_FUNC);
    // GPIOx 输出 1（关闭 LED）
    GPIO_OUTPUT_SET(DOOR_NUM, 1);
    /*****************************************************************
     * 上面设置输出 GPIO 控制门锁，下面设置输入 GPIO（push 信号），用来采集门禁
机发出的信号
     *****************************************************************/
    // 将该管脚设置使其具有 GPIO 功能（管脚有其他复用功能，例如 SPI、UART）
        PIN_FUNC_SELECT(PUSH_MUX, PUSH_FUNC);
        // 设置该管脚为输入模式
        GPIO_DIS_OUTPUT(PUSH_NUM);
        // 关中断
        ETS_GPIO_INTR_DISABLE();
        // 设置中断服务函数
    GPIO_INTR_ATTACH( GPIO_ISR_Handler, NULL, PUSH_NUM );
    // 设置中断类型双边沿中断
    gpio_pin_intr_state_set( GPIO_ID_PIN( PUSH_NUM ),
                             GPIO_PIN_INTR_ANYEDGE );
    // 清除该引脚的 GPIO 中断标志
    GPIO_REG_WRITE( GPIO_STATUS_W1TC_ADDRESS, BIT(PUSH_NUM) );
    // 开中断
    ETS_GPIO_INTR_ENABLE();
```

```
    }
```

Door_init 函数包含两部分，最前面两行设置输出 GPIO，后面几行函数是设置输入 GPIO 并配置为中断模式，函数参数为中断触发后调用的回调函数。

至此，驱动文件就编写完成了。

接下来，我们打开 user_main.c 文件添加 Door_init 函数调用，以及相关回调函数实现，具体代码如下：

【代码 4-18】 App/user/user_main.c

```
void user_init(void)
{
  //…..
  // Door_init 函数调用
  Door_init(pushDoor_handle);
  //….
}
```

Door_init 函数的参数是 pushDoor_handle 函数，在此，我们需要实现 pushDoor_handle 函数，具体代码如下：

【代码 4-19】 App/user/user_main.c

```
  /**
  ****************************************************************
  * @brief        GPIO 中断处理函数
  * @param        [in/out]   void
  * @return       void
  * @note         None
  ****************************************************************
  */
void pushDoor_handle(void)
{
    // 读取 GPIO 中断状态
    u32 gpio_status = GPIO_REG_READ( GPIO_STATUS_ADDRESS );
    // 关闭 GPIO 中断
    ETS_GPIO_INTR_DISABLE();
    // 清除 GPIO 中断标志
    GPIO_REG_WRITE( GPIO_STATUS_W1TC_ADDRESS, gpio_status );
    // 检测是否已输入引脚中断
    if ( gpio_status & BIT( PUSH_NUM ) )
    {
        if( GPIO_INPUT_GET(PUSH_NUM) == 0 )
        {
            OPEN_DOOR; // 开门
            os_printf("open door\n");
    mqtt_Publish(pub_topic_id[0], "1", 1, 0, 0);
        }
        else
        {
    os_printf("wait…… \n");
            os_timer_disarm(&auto_closedoor_timer);
```

```
               os_timer_setfn(&auto_closedoor_timer, (os_timer_
func_t *)auto_closeDoor, NULL);
               os_timer_arm(&auto_closedoor_timer, 3000, 1);
    mqtt_Publish(pub_topic_id[0], "0", 1, 0, 0);
        }
    }
    // 开启 GPIO 中断
    ETS_GPIO_INTR_ENABLE();
}
```

pushDoor_handle 函数是 GPIO 中断函数的回调函数，该函数接收门禁机发出的低电平，如果是持续低电平，则只会有一个下降沿触发，此时门被打开，门会常开。门禁机的低电平结束后会产生一个上升沿触发中断，这是设置延时关门。

pushDoor_handle 函数用于处理门禁机发出的开关门信号，我们改造的门禁已经具有联网功能，可以通过手机或者云平台进行控制，因此，我们需要加入 MQTT 发布订阅功能。

4.4.4 MQTT数据发布

mqttDataCB 函数将用于处理云平台或手机端发出的开关门信号。mqttDataCB 函数是 MQTT 订阅功能的回调函数，MQTT 收到订阅的主题后，调用该函数解析主题。在任务三中我们只定义了它的函数体，并没有使用，这里我们将会实现它。由于函数体过长，因此我们分两部分看，先看上半部分，用于主题的解析，具体功能可参考代码 4-20 中的注释。

【代码4-20】 App/user/user_main.c

```
  void ICACHE_FLASH_ATTR
mqttDataCB(uint32_t *args, const char* topic, uint32_t topic_len,
        const char *data, uint32_t data_len){
    int i = 0, status=0, ret = 0;
    // 申请空间来存储主题和数据
    char *topicBuf = (char*)os_zalloc(topic_len+1),
        *dataBuf  = (char*)os_zalloc(data_len+1);
    // 拷贝主题到申请的空间内
    os_memcpy(topicBuf, topic, topic_len);
    topicBuf[topic_len] = 0;
    // 拷贝数据到申请的空间内
    os_memcpy(dataBuf, data, data_len);
    dataBuf[data_len] = 0;
os_printf("Receive topic: %s, data: %s \r\n", topicBuf, dataBuf);
    // 解析主题名
    for(i=0; i<SUB_TOPIC_COUNT; i++)
    {
        ret = strncmp(topicBuf, sub_topic_id[i], topic_len);
        //os_printf("ret = %d\n", ret);
        if(!ret)
        {
```

```
                //os_printf("dataBuf:%s\n",dataBuf);
                status = atoi(dataBuf);
                status = (int)(*dataBuf - 48);
                os_printf("status:%d\n",status);
                break;
        }
    }
//…下半部分
}
```

然后再看后半部分，我们通过与前面解析的结果进行对比，执行对应的动作，i 变量存放的是订阅主题的索引，status 变量存放了动作，0 表示关门，1 表示开门，具体代码如下：

【代码 4-21】 App/user/user_main.c

```
  void ICACHE_FLASH_ATTR
  mqttDataCB(uint32_t *args, const char* topic, uint32_t topic_len,
        const char *data, uint32_t data_len){
//…上半部分
            switch(i)
                {
                    case 0:
                      if(status == 1) //open
                        {
                            OPEN_DOOR; // 开门
                            os_printf("open door\n");
                            os_timer_disarm(&auto_closedoor_timer);
                            os_timer_setfn(&auto_closedoor_timer,
(os_timer_func_t *)auto_closeDoor, NULL);
                            os_timer_arm(&auto_closedoor_timer, 3000,
1);
                            mqtt_Publish(pub_topic_id[i], "1", 1, 0, 0);
                            mqtt_Publish(pub_topic_id[i],"response:1",10,0,0);
                        }
                        else if(status == 0) //close
                        {
                        CLOSE_DOOR; // 关门
                        os_printf("close door\n");
                        mqtt_Publish(pub_topic_id[i], "0", 1, 0, 0);
                        mqtt_Publish(pub_topic_id[i], "response:1",
10, 0, 0);
                        }
                        break;
            case 1:
                if(status == 1) //keep open
                {
                OPEN_DOOR; // 开门
                os_printf("open door\n");
                mqtt_Publish(pub_topic_id[i], "1", 1, 0, 0);
                mqtt_Publish(pub_topic_id[i], "response:1", 10, 0, 0);
                }
```

```
                else if(status == 0) //keep close
                {
                CLOSE_DOOR; // 关门
                os_printf("close door\n");
                mqtt_Publish(pub_topic_id[i], "0", 1, 0, 0);
                mqtt_Publish(pub_topic_id[i],"response:1",10,0,0);
                }
                break;
        default:
                break;
    }
// 释放内存
os_free(topicBuf);
os_free(dataBuf);
}
```

接着，我们需要配置 MQTT 发布订阅的 topic，也就是设备通道的 uuid，topic 需要我们从云后台中获取。

① 登录华晟物联云，创建门禁设备模板，如图 4-52 所示。

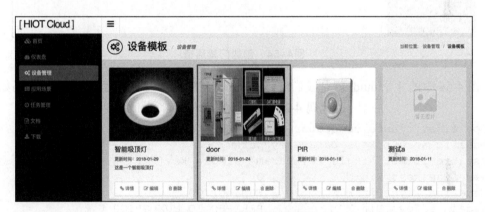

图4-52　创建门禁设备模板

② 根据门禁模板，创建门禁设备，如图 4-53 所示。

图4-53　创建门禁设备

③ 单击图 4-54 中的"查看",进入门禁详情页,然后创建门禁的通道,双向开关和双向常开关,都是布尔型,如图 4-54 所示。

图4-54　创建门禁通道

图 4-54 中的 4 个 uuid,就是我们需要的 topic,我们将其复制到程序中,具体代码如下:

【代码 4-22】App/user/user_main.c

```
os_timer_t auto_closedoor_timer;
static struct keys_param key_param;
static struct single_key_param *single_key[2];
#define keys_Pin_NUM            0
#define keys_Pin_FUNC           FUNC_GPIO0
#define keys_Pin_MUX            PERIPHS_IO_MUX_GPIO0_U
// 设备 uuid
char *device_uuid = "18eedb1bfae641309217f445a93d015e";
// 向下通道,订阅主题
char sub_topic_id[SUB_TOPIC_COUNT][UUID_LENGTH] =
{
        "26402d2fa2c9440a94d7ae9b11eb4105",
        "ea11305f117f4e19b7dc46d18318b82f"
};
// 向上通道,发布主题
char pub_topic_id[PUB_TOPIC_COUNT][UUID_LENGTH] =
{
        "cb324a7c16a24a93b065c9f2c17dcf03",
        "973f260bc2264239a43f4fc3c5b3d14f",
};
```

至此,程序的编写就结束了。最后,我们编译程序,烧录,重启设备,等待接入。

4.4.5　智能门禁应用

智能门禁 door_dev_1 在云平台创建成功的时候，是未激活的状态，如图 4-55 所示。

图4-55　智能门禁状态

我们通过 App 激活设备并联网，确保设备能正常上传数据；然后使用 App 和云平台控制设备。

1. 通过 App 控制门禁

我们在设备列表中找到门禁设备，单击进入门禁设备详情，如图 4-56、图 4-57 所示。有两个双向布尔型通道，分别是常开关、开关和常闭开关，两个通道均可控制，可查看历史数据。

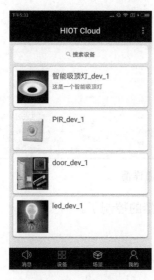

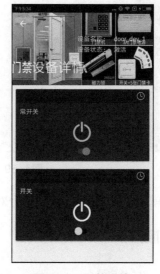

图4-56　绑定门禁　　　　　　　　图4-57　门禁详情

2. 通过云平台控制门禁

点开智能门禁的设备详情，如图 4-58 所示。我们可以看见两个方向向下的布尔型的通道，一个是常开开关，一个是常闭开关。

图4-58　设备详情

单击标注部分，进入通道详情页面。这里我们以"开关"为例，模拟下发数据，如图 4-59 所示。其他通道可以自行查看。

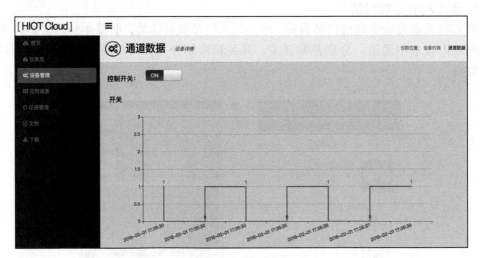

图4-59　通道详情

至此，我们就可以实现 App 或云平台对门禁的控制了。

4.4.6　任务回顾

知识点总结

1. 智能门禁应用场景。

2. 电磁门禁组成及安装。

3. 电磁门禁工作原理。

4. 电磁门禁电气改造。

5. 智能模块作用、构成、连线方式。

6. 智能门禁驱动开发、烧录。

7. MQTT 数据发布、订阅。

8. 智能门禁接入云平台，通过云平台或手机进行控制。

学习足迹

任务四学习足迹如图 4-60 所示。

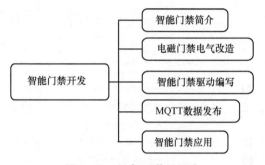

图4-60　任务四学习足迹

思考与练习

1. 智能门禁有哪些应用场景？

2. 根据连线示意，描述电磁门禁的工作原理。

3. 简述智能模块不同电源下的两种接线方式，并绘制接线图。

4. 智能模块由 _____ 和 _____ 组成。

5. 操作题：使用华晟物联云控制门禁常开关 10 分钟后关闭。

4.5　任务五：智能家居场景开发

【任务描述】

在任务一中，我们完成了智能家居场景的设计，美妙的构想让我们沉醉其中。从任务二到任务四，我们完成了智能家居常用设备的设计与开发。接下来，就到了最激动人心的时刻了，我们要将这些设备组合起来，结合云后台和 App 来实现日常生活中的不同场景。

4.5.1　场景概述

以上 4 个任务中,我们完成了智能吸顶灯开发、人体感应开关开发和智能门禁开发。虽然只有 3 种类型的设备,但却涉及了智能家居系统中两个重要的子系统:智能照明系统和智能安防系统。接下来,我们将以这 3 个设备为例,讲解如何实现不同设备的组合构成不同的场景。

首先,我们登录华晟物联云平台,根据之前创建的模板完成设备的创建,并将其激活、联网,保证设备上线,如图 4-61 所示。

图4-61　创建设备

这里我们创建了 1 盏客厅吸顶灯、1 盏卧室吸顶灯、1 盏卫生间吸顶灯、1 个智能门禁(大门)、1 个卫生间人体感应开关。当然,我们也可以创建更多的设备,这里为了更好地描述,我们暂且创建这 5 个设备。接下来,所有场景都基于这 5 个设备。

4.5.2　时间计划任务

1. 概述

时间计划分为间隔时间类型、例行时间类型、定期时间类型。

① 间隔时间类型:每间隔一段时间执行一次,例如闹钟每 10 分钟提醒一次。

② 例行时间类型:定期执行,例如设置闹钟每周一到周五早晨 8 点提醒。

③ 定期时间类型:设置固定的时间执行,例如设置一个早晨 8 点的闹钟。

2. 场景

① 设备:卧室智能吸顶灯,时间计划为例行时间类型。

场景描述:规定卧室智能吸顶灯在 2~8 月内,每天晚上 10 点关闭。

云平台操作

在左边导航栏中选择"任务管理"。"时间计划"和"动作"共同组成一个"时间计划任务"。所谓"动作"就是在设置时间内执行某种操作,比如灯亮或灯灭。

单击"新增时间计划",如图 4-62 所示,并填入配置信息,如图 4-63 所示。

图4-62 新增时间计划

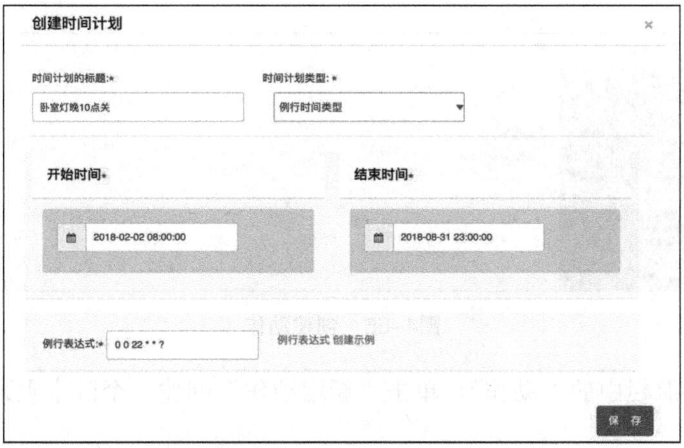

图4-63 配置时间计划

选择"例行时间类型",选择开始时间和结束时间。例行表达式可通过单击后面的"创建示例"生成,如图 4-64 所示。

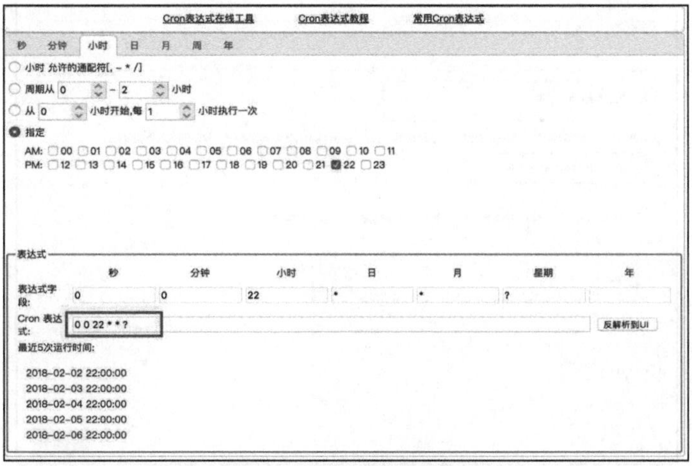

图4-64 例行时间表达式

单击"保存"，一个例行时间计划创建成功，如图 4-65 所示。

图4-65　例行时间任务完成

接下来，我们创建动作，如图 4-66 所示。

图4-66　创建动作

单击左侧导航栏中的"动作"，单击"新增动作"创建一个卧室吸顶灯关闭的动作，如图 4-67 所示。

创建动作　　　　　　　　　　　　　　　　　　　　　　　　×

动作标题:*

卧室灯晚10点关

动作描述:*

卧室的灯每天晚上10点关

动作类型:*　mqtt类型

url/topic:*　(url即通过http协议实现对设备控制(经由向下通道)的4种类型API url; topic即通过mqtt协议实现对设备控制的向下通道ID)

56d1295f7dc54251a41df69b94aef1c8

添加: *　(key是关于接口的参数名称，例如："status"; value是接口的参数值，例如："1","2"等;)

| status | 0 | 添加 |

key	value	操作
status	0	🗑

保存

图4-67　配置动作

动作类型可以选择"http"和"mqtt"，这里我们选择 mqtt 类型。"url/topic"是根据所选类型指定的，如果选择了 mqtt 类型，"url/topic"为所控制设备所控制向下通道的 id，即卧室吸顶灯的开关向下通道的 id。"key-value"这组键值对根据提示填写，key 填入"status"，value 填入"0"。"status"代表状态，"0"代表关闭，"1"代表打开。

单击"保存"，一个动作创建成功，如图 4-68 所示。

图4-68　创建动作成功

接下来，我们创建时间计划任务如图 4-69 所示。

图4-69　创建时间计划任务

我们已经创建了"时间计划"和"动作"，接下来要将其组合起来形成"时间计划任务"。单击左侧导航栏中"时间计划任务"，单击"新增时间计划任务"进行创建，具体配置如图 4-70 所示。

这里需要注意的是，选择的"时间计划"和"动作"一定要相对应。单击"保存"，完成"时间计划任务"创建，如图 4-71 所示。

完成创建之后，我们改变任务状态为"运行"，单击图 4-71 中的状态即可，此时任务启动，如图 4-72 所示。

为了验证卧室吸顶灯是否会执行此计划，我们需要保证晚上 10 点前卧室灯是开的状态。如图 4-73 所示，它显示上午 9 点灯为开的状态。

到晚上 10 点，吸顶灯按照计划关闭，如图 4-74 所示。

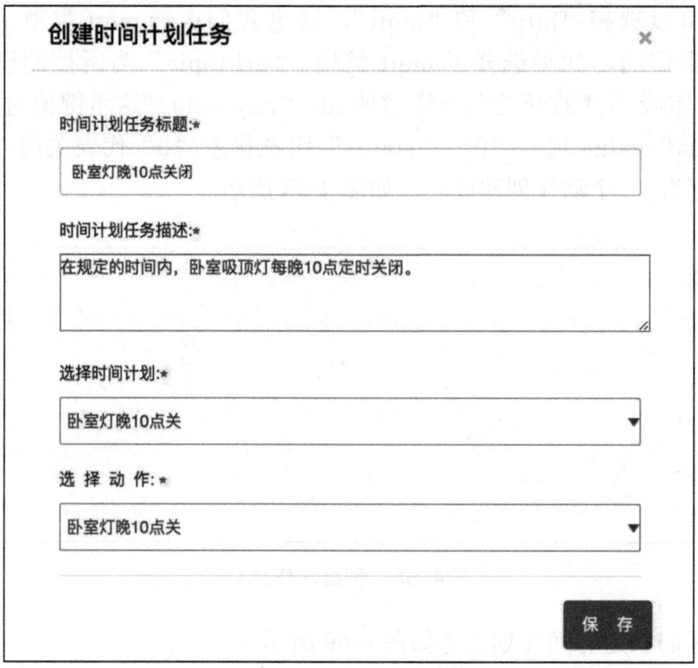

创建时间计划任务 ✕

时间计划任务标题:*

卧室灯晚10点关闭

时间计划任务描述:*

在规定的时间内,卧室吸顶灯每晚10点定时关闭。

选择时间计划:*

卧室灯晚10点关 ▼

选 择 动 作:*

卧室灯晚10点关 ▼

保 存

图4-70　配置时间计划任务

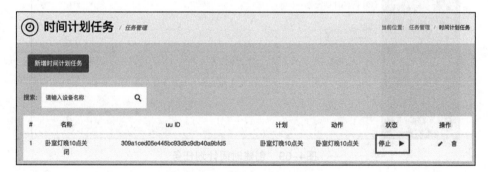

图4-71　创建时间计划完成

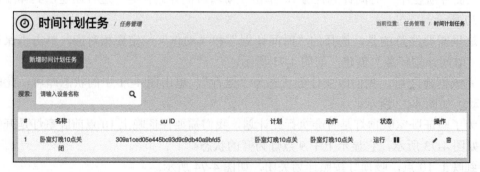

图4-72　时间计划任务启动

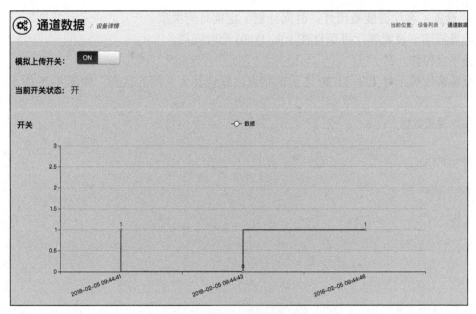

图4-73　卧室吸顶灯状态

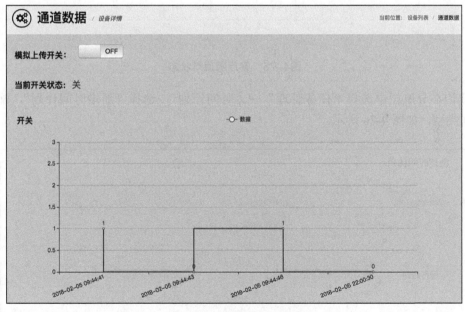

图4-74　卧室吸顶灯关闭

以上是智能吸顶灯的一个例行时间计划任务，这个时间计划任务适用于任何吸顶灯，不同的吸顶灯需要创建多个任务。

例行时间计划和间隔时间计划在某些程度上是相似的，例如，我设置客厅灯每天晚上6点关闭，用间隔时间计划也可以完成设置。但定期时间计划与二者有很大区别，接下来，我们以客厅吸顶灯为例，设置定期时间计划。

② 设备：客厅智能吸顶灯。时间计划：定期时间类型。

场景描述：设置客厅吸顶灯在上午 11:30 准时开启。

云平台操作

查看客厅吸顶灯上午 11:30 之前的状态，保证其为关闭的状态，如图 4-75 所示。

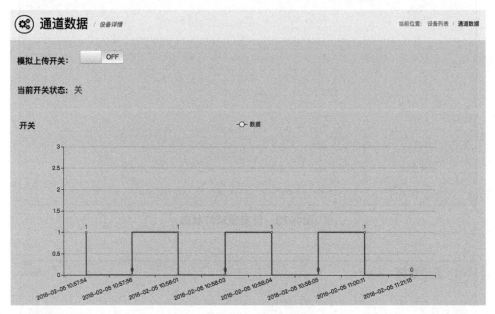

图4-75　客厅吸顶灯状态

我们在导航栏中选择"任务管理"→"时间计划"，选择"新增时间计划"，配置定期时间类型，如图 4-76 所示。

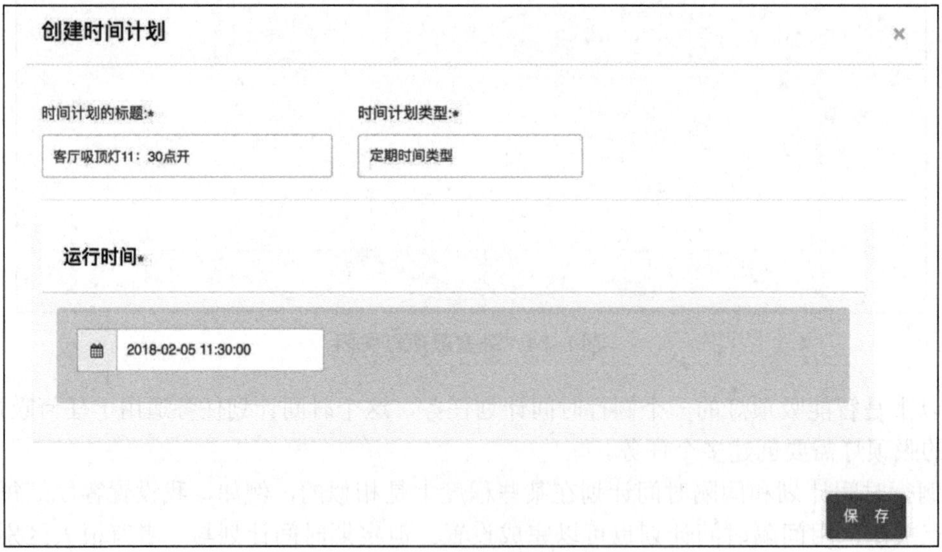

图4-76　配置定期时间计划

设置客厅吸顶灯上午 11∶30 开启，单击"保存"，完成定期时间计划的创建，如图 4-77 所示。

图4-77　定期时间计划创建完成

接下来，我们创建动作。我们选择"任务管理"→"动作"，单击"新增动作"，配置动作信息，如图 4-78 所示。

图4-78　配置动作

依旧选择 mqtt 类型，配置向下通道的 id，此时 status=1，表示灯开。单击"保存"，创建动作完成，如图 4-79 所示。

图4-79　创建动作完成

接下来，我们组合"时间计划"和"动作"，配置时间计划任务，如图4-80所示。

图4-80　配置时间计划任务

单击"保存"，完成创建定期时间计划任务，当前是停止状态，如图4-81所示。

图4-81　创建定期时间计划任务

接下来，我们将停止状态改为运行状态，定期任务运行如图 4-82 所示。

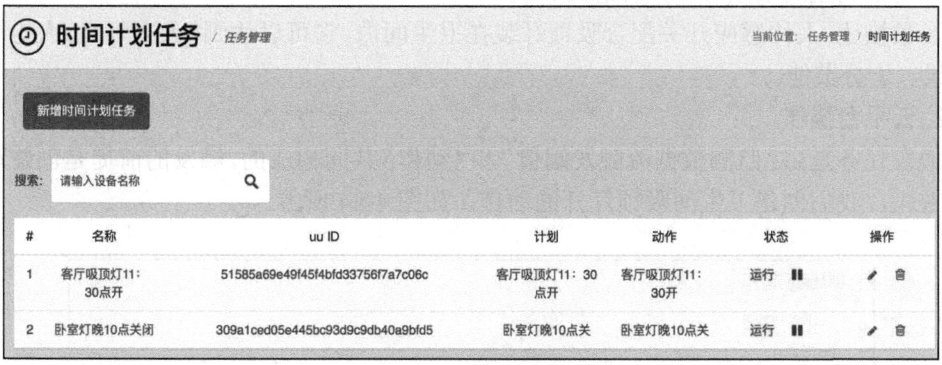

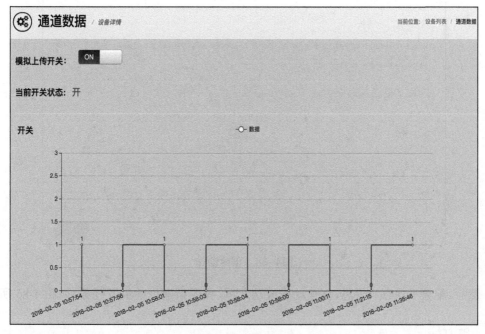

图4-82 定期任务运行

当到达目标时间时，我们查看客厅吸顶灯的状态，如图 4-83 所示，灯已经打开。

图4-83 开关状态

综上为定期时间计划任务。定期时间任务用处很广泛，很多设备都可以配置定时任务，例如，门禁也可以设置其开启或关闭的定期时间。

4.5.3 触发任务

煤气泄漏会触发报警；室内空气干燥，会触发加湿器自动打开等。触发场景在日常生活中很常见，接下来，我们来看一下设备和设备之间如何触发。

1. 场景

设备：卫生间吸顶灯、人体感应开关。

场景描述：人体感应开关配合吸顶灯装在卫生间内，它可以达到"人来灯亮，人走灯灭"的效果，十分节能。

2. 云平台操作

触发任务是由"监测数据流触发阈值"和"动作"共同构成的，触发的前提是创建动作。

首先，我们创建卫生间吸顶灯开的动作，如图 4-84 所示。

图4-84　创建动作

然后，配置"保存"信息，创建动作成功之后，我们新建创建触发任务，如图 4-85 所示。

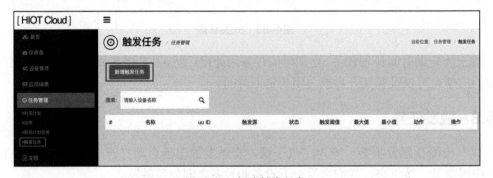

图4-85　新建触发任务

接下来，我们配置触发任务条件，如图4-86所示。

创建触发任务　　　　　　　　　　　　　　✕

任务名称:*

人来灯亮，人走灯灭

监测数据流:*

卫生间人体感应开关---开关通道　　　　　　　　▼

触发阈值:

1

最大值:

请选择输入最小值

最小值:

请选择输入最小值

选择:*

大于等于触发阈值　　　　　　　　　　　　　　▼

动作:*

卫生间吸顶灯开　　　　　　　　　　　　　　　▼

保存

图4-86　配置触发任务

监测数据流是可选通道的列表，这里我们选择卫生间人体感应开关的向上开关通道，触发阈值为1，"1"代表感应有人，"0"代表感应无人。这个触发值不是在某个区间内，所以可以不填写最大值和最小值。我们选择触发阈值的范围，认定大于或等于阈值后可触发，选择刚刚创建的动作后保存，触发任务创建完成，如图4-87所示。

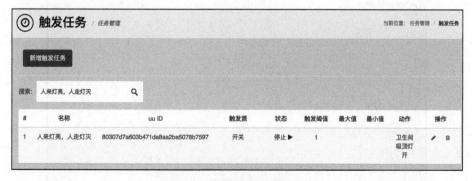

图4-87　触发任务创建完成

我们查看人体感应开关和吸顶灯的当前状态，确保卫生间的吸顶灯当前为关闭状态，然后启动任务，如图4-88所示。

图4-88　启动触发任务

当有人进入卫生间时，人体感应开关向上通道为"开"状态，如图4-89所示，吸顶灯被人体触发后灯亮，如图4-90所示。

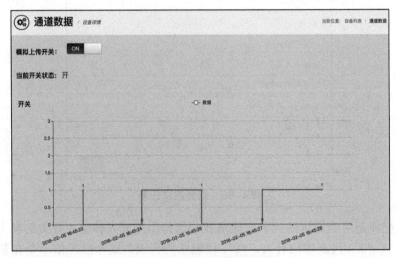

图4-89　人体感应开关状态

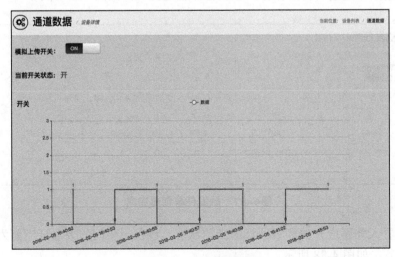

图4-90　卫生间吸顶灯

同理，当人离开时，人体感应开关监测不到人，灯灭。以上，就是一个触发任务，不同触发需要创建多个任务。

4.5.4 自定义模式

除了时间计划和触发任务，设备之间还可以自由组合设置不同的模式。例如：离家模式、回家模式、用餐模式、睡眠模式等。自定义模式下还有一个非常强大的功能，就是一键设置，所谓一键设置就是将一个或多个设备的参数预先设定好，然后通过一个按钮就可以同时操控多个设备。例如：关闭所有的客厅灯，开启所有的卧室灯。

接下来，我们将之前创建的设备进行自由组合设置成不同的模式。

1. 回家模式

场景描述：下班回家时，我们使用手机将设备设置为回家模式，单击预先设定好的"一键开"，同时开启门禁和客厅灯。

2. 离家模式

场景描述：上班离家时，我们使用手机将设备设置为离家模式，单击预先设定好的"一键关"，同时关闭所有灯光。

3. 云平台和 App 操作

回家模式属于智能家居场景，首先我们先要创建一个智能家居场景。云平台和 App 均可创建场景，但为了快速绑定场景所需要的设备，我们采用云平台创建场景。App 可以通过扫一扫场景一次性绑定所有设备，非常方便。

如图 4-91 所示，我们选择左侧导航栏中"应用场景"，默认有一个"我的场景"可以使用，也可以新建场景。

图4-91　应用场景

我们创建一个智能家居场景，如图 4-92 所示。

单击"保存"，创建成功，如图 4-93 所示。

进入"智能家居"场景详情，如图 4-94 所示，生成的二维码用于 App 扫一扫绑定场景。

接下来，我们添加设备组。设备组就是我们前边所说的模式，只是云平台和 App 叫法不同。首先，我们创建一个"回家模式"，如图 4-95 所示。

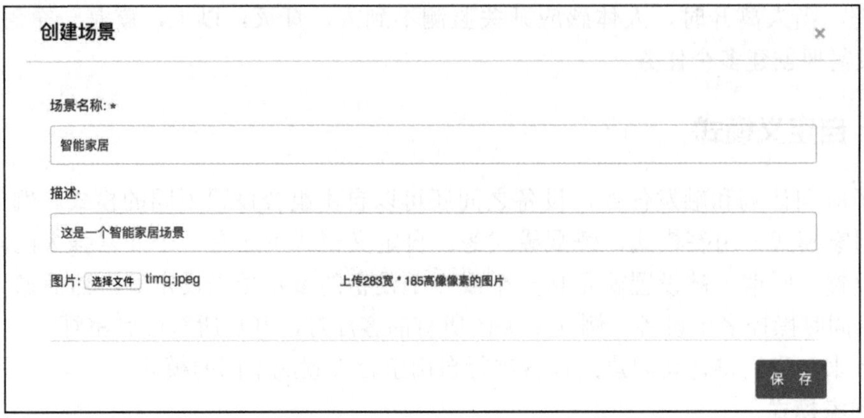

图4-92　创建智能家居场景

图4-93　场景创建成功

图4-94　智能家居场景详情

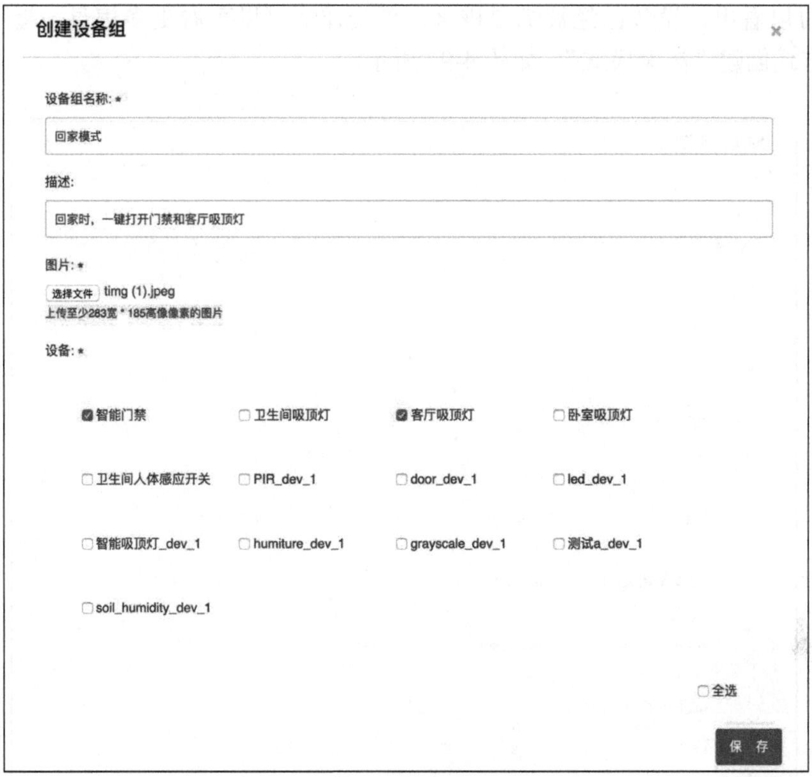

创建设备组   ✕

设备组名称：*

回家模式

描述：

回家时，一键打开门禁和客厅吸顶灯

图片：*

选择文件 | timg (1).jpeg
上传至少283宽 * 185高像素的图片

设备：*

☑智能门禁   □卫生间吸顶灯   ☑客厅吸顶灯   □卧室吸顶灯

□卫生间人体感应开关   □PIR_dev_1   □door_dev_1   □led_dev_1

□智能吸顶灯_dev_1   □humiture_dev_1   □grayscale_dev_1   □测试a_dev_1

□soil_humidity_dev_1

                                                              □全选

                                                              保 存

图4-95   创建回家模式

选择该模式下的设备——智能门禁和客厅吸顶灯，单击"保存"，如图 4-96 所示。
注意：该设备列表里面的设备只能被一个用户绑定。

图4-96   回家模式

我们可以看出，设备已经被绑定进来，单击详情可以查看更多信息。接下来，我们以同样的方式创建"离家模式"，如图 4-97 所示。

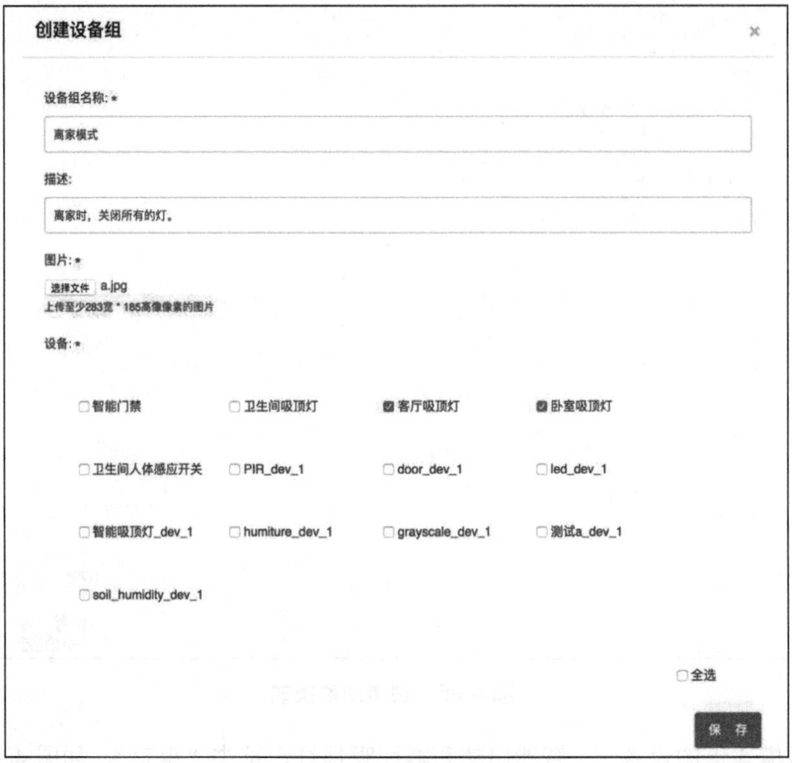

创建设备组　　　　　　　　　　　　　　　　　×

设备组名称：*

离家模式

描述：

离家时，关闭所有的灯。

图片：*

选择文件　a.jpg
上传至少283宽*185高像素的图片

设备：*

☐ 智能门禁　　　☐ 卫生间吸顶灯　　　☑ 客厅吸顶灯　　　☑ 卧室吸顶灯

☐ 卫生间人体感应开关　☐ PIR_dev_1　　　☐ door_dev_1　　　☐ led_dev_1

☐ 智能吸顶灯_dev_1　☐ humiture_dev_1　☐ grayscale_dev_1　☐ 测试a_dev_1

☐ soil_humidity_dev_1

☐ 全选

保　存

图4-97　创建离家模式

这里我们就选择客厅吸顶灯和卧室吸顶灯即可，卫生间灯是通过感应开关控制的。单击"保存"，离家模式创建成功，如图 4-98 所示。

图4-98　离家模式

至此，云平台的场景、模式都已经创建完毕了。接下来，该轮到 App 上场了，开始绑定场景，配置一键设置。

选择"扫一扫场景"，扫描刚刚创建的智能家居场景的二维码，如图 4-99、图 4-100 所示。

图4-99   菜单列表

图4-100   扫一扫场景

扫描成功后，进入设备列表，显示被绑定的设备，如图 4-101 所示。切换至场景列表，如图 4-102 所示，智能家居场景已绑定。

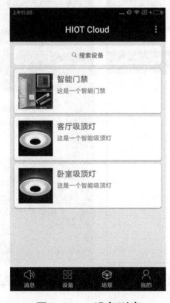

图4-101   设备列表

图4-102   场景列表

进入智能家居场景详情，我们可以看到回家模式和离家模式，模式内的设备状态也一目了然，如图 4-103、图 4-104、图 4-105 所示。

图4-103　模式列表　　　　　　图4-104　回家模式　　　　　　图4-105　离家模式

接下来，我们为回家模式和离家模式设置一键设置，如图 4-106、图 4-107、图 4-108 所示。

图4-106　创建一键开　　　　　图4-107　通道选择　　　　　　图4-108　选择状态

单击右下角"🖲"图标，创建"一键开"。然后选择通道，这里只显示设备的向下通道。

选中通道之后，进行参数设置，如图 4-109、图 4-110、图 4-111 所示。

图4-109　创建一键开　　　图4-110　通道选择　　　图4-111　选择状态

设置客厅吸顶灯和智能门禁都开启，然后"保存"设置，如图 4-112 所示。同理，以同样的方式在离家模式中设置"一键关"，如图 4-113 所示。

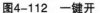

图4-112　一键开　　　　　图4-113　一键关

单击"一键开"或"一键关"可执行对应的操作，设备状态也可实时查看。以上就是设备的组合控制，定制自由，使用方便。

4.5.5 任务回顾

知识点总结

1. 根据模板创建设备。
2. 配置时间计划任务：例行、间隔、定期。
3. 配置触发任务。
4. 自定义场景、模式。
5. 自定义一键设置。

学习足迹

任务五学习足迹如图 4-114 所示。

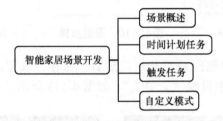

图4-114 任务五学习足迹

思考与练习

1. 时间计划类型包括 _____、_____、_____。
2. 一个时间计划任务是由 _____ 和 _____ 组成的。
3. 触发任务中，监测数据流是检查设备的 _____ 通道。
4. 操作题：使用云后台设计 2 个以上的智能家居场景模式，可参考回家模式、离家模式。
5. 操作题：选择某个设备配置间隔时间计划任务。

4.6 项目总结

本项目是完成智能家居应用的设计与开发，共分为 5 个任务进行介绍。任务一是智能家居的总体介绍，包括智能家居的特点、理念、设计原则、系统架构和场景设计。通过任务一的学习，学生可以对智能家居有一个整体的了解，为接下来的设备开发和场景设计打下基础。

　　任务二到任务四是智能设备的开发，包括智能吸顶灯、人体感应开关、智能门禁。通过这 3 个任务的学习，学生可以掌握到智能设备开发的一整套流程，从电路设计到驱动开发，再到联网、MQTT 数据发布，最后对接云平台和 App，实现设备的智能化控制。任务五是在前几个任务的基础上，实现不同场景的应用，包括时间计划任务、触发任务、自定义模式。定制化自由，使用灵活，可以覆盖到家居生活中的各个场景。

　　项目总结如图 4-115 所示。通过整个项目的学习，可以提高学生的场景设计能力、电路设计能力、分析能力、编程能力和自主学习能力。

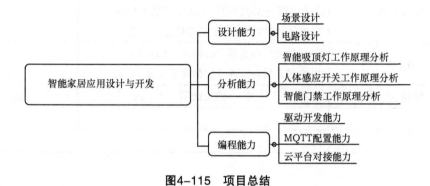

图4-115　项目总结

4.7　拓展训练

自主实践：智能排风扇开发

　　在进行了软硬件学习，以及熟悉了 App 和云平台后，我们对于物联网开发也有了初步的认识。这时候怎么能少了一个综合性的项目来练手呢？

　　◆ **要求**

　　根据之前章节所学习的知识，设计开发一款智能排风扇，配合 App 做到远程控制，以及配合云后台进行逻辑关联（场景设计），例如关联温度进行条件触发，或者定时触发等。

- 整体设计。
- 智能排风扇驱动开发。
- MQTT 数据发布。
- 场景应用。

　　◆ **格式要求**：采用实际操作、代码、系统演示。

　　◆ **考核方式**：自主实践、现场成果演示。

　　◆ **评估标准**：见表 4-1。

表4-1　拓展训练评估表

项目名称： 智能排风扇开发	项目承接人： 姓名：	日期：
项目要求	**评分标准**	**得分情况**
整体设计（25分）	① 智能排风扇原理设计（10分）； ② 智能排风控制器硬件设计（15分）	
驱动开发（20分）	ESP8266驱动程序开发（20分）	
MQTT数据发布（35分）	① 关联手机App（10分）； ② 处理基于MQTT协议的控制信息（15分）； ③ 基于MQTT协议发送状态信息（10分）	
场景应用（20分）	① 通过云后台实现定时触发（10分）； ② 通过云后台实现条件触发（10分）	
评价人	**评价说明**	**备注**
个人		
老师		